普通高等教育实验实训系列教材

电气信息类

电机实验教程

主　编　徐　政
编　写　胡玉鑫
主　审　李永刚

U0643272

中国电力出版社
CHINA ELECTRIC POWER PRESS

内 容 提 要

全书共分五章，主要内容包括直流电机、变压器、异步电机、同步电机、微特电机。全书共有实验二十七个，包括一定比例的综合性、设计性实验。本书以浙江求是科教设备有限公司研发的 MEL 系列电机系统教学实验台为基础进行介绍，具有广泛的适用性。

本书可作为高等学校电气信息类专业及其他相关专业本科生的电机学和电机与拖动课程的实验教材，也可供相关工程技术人员参考。

图书在版编目（CIP）数据

电机实验教程/徐政主编. —北京：中国电力出版社，2009.5（2023.1 重印）
普通高等教育实验实训规划教材. 电气信息类
ISBN 978-7-5083-8700-0

Ⅰ. 电… Ⅱ. 徐… Ⅲ. 电机－实验－高等学校－教材 Ⅳ. TM306

中国版本图书馆 CIP 数据核字（2009）第 054051 号

中国电力出版社出版、发行

（北京市东城区北京站西街 19 号　100005　http://www.cepp.sgcc.com.cn）
北京天泽润科贸有限公司印刷
各地新华书店经售

*

2009 年 5 月第一版　2023 年 1 月北京第六次印刷
787 毫米×1092 毫米　16 开本　6.25 印张　148 千字
定价 15.00 元

前 言

随着科学技术的飞速发展，电机的应用日益广泛，电气工程技术人员如果不懂电机将举步维艰。为适应社会需要，培养出既具有扎实的电机基础理论知识，又具有较强实践能力和创新能力的高素质人才，编者根据多年的教学研究与实践，编写了本书。

电机实验是电机学、电机与拖动及相关课程的实践教学环节，是整个教学环节中的重要组成部分。加强实践教学环节，充分发挥实验教学的作用，是培养应用型创新人才的根本和必要保障。通过实验，可以让学生深刻领会电机的基础理论，熟悉各类电机的基本特性，这种对知识理解掌握的效果单凭理论教学是无法达到的。更重要的是，通过实验，还可以激发学生们学习的兴趣，开拓他们的思维空间，培养他们发现问题、科学地分析问题和解决问题的能力，达到活学活用，为今后走向工作岗位解决遇到的工程问题做好准备，实现应用型人才的培养目标。

本书具有以下特点：

（1）内容全面、实用性强。实验对象涉及直流电机、变压器、异步电机、同步电机和微特电机。实验内容包括电机参数的测定、电机起动方法与调速方法的研究、电机各种基本特性曲线的测绘及电机运行方式的研究等诸多方面，对于理论教学起到了强有力的辅助与促进作用。

（2）注重能力培养。本书中第一章实验五、第二章实验六、第三章实验六为设计性实验，第四章实验二为综合性实验。综合设计性实验的开发将有利于培养学生应用知识的能力、工程实践能力和创新能力，符合应用型人才的培养目标。

（3）注重学生科学素质的培养。实验内容编排有预习要求、实验报告要求和思考题等，有助于培养学生良好的学习习惯、严谨的科学态度和勤于思考的作风。

（4）本书以浙江求是科教设备有限公司研发的 MEL 系列电机系统教学实验台为基础进行介绍，具有广泛的适用性。同时，考虑到方便学生进行实验接线，书中接线图的主要标注均与电机系统教学实验台的标注保持一致。

本书由胡玉鑫编写第一章和附录，徐政编写第二～五章。

华北电力大学李永刚教授担任本书主审，并提出了许多宝贵意见。在编写过程中得到了长春工程学院刘文洲教授的悉心指导，以及时凤菊等老师的帮助。在此一并表示衷心的感谢。由于编者水平有限，书中难免存在不妥和疏漏之处，恳请读者批评指正。

编 者

2009 年 3 月

目　　录

第一章 直 流 电 机

实验一 认 识 实 验

一、实验目的

（1）学习电机实验的基本要求与安全操作注意事项。

（2）认识在直流电机实验中所用的电机、仪表、变阻器等组件及使用方法。

（3）了解用伏安法测直流电机电枢绕组直流电阻的方法。

（4）熟悉他励电动机（即并励电动机按他励方式）的接线、起动、改变电机转向与调速的方法。

二、实验设备

（1）MEL 系列电机系统教学实验台主电源控制屏，参见附图 1 及其相关内容。

（2）电机导轨及测功机、转速转矩测量（MEL-13），参见附图 2 及其相关内容。

（3）直流并励电动机（M03）。

（4）220V 直流可调稳压电源，参见附图 3 及其相关内容。

（5）电机起动箱（MEL-09）。

（6）直流电压表、直流毫安表、直流电流表（MEL-06），详见附录。

三、预习要点

（1）预习如何正确选择使用仪器仪表，特别是电压表、电流表的量程。

（2）直流他励电动机起动时，为什么在电枢回路中需要串联起动变阻器？不连接会产生什么严重后果？

（3）直流电动机起动时，励磁回路连接的磁场变阻器应调至什么位置，为什么？若励磁回路断开造成失磁时，会产生什么严重后果？

（4）直流电动机调速及改变转向的方法。

四、实验原理

1. 伏安法测直流电机电枢的直流电阻

直流电机未励磁时，其内部不存在磁场（无剩磁时）。此时若将直流电机的电枢绕组接至直流电源，其内部便不会产生电磁感应关系，而只是以纯电阻的形式存在于这个直流电路中。因此，利用基于欧姆定律的伏安法便可测量出该直流电机电枢的直流电阻。

2. 他励电动机的起动、调速与转向的改变

电动机起动时，必须满足两项要求：

（1）具有足够的起动转矩。

（2）将起动电流限制在安全范围以内。

起动时将电枢回路电阻增大可限制起动电流，将励磁电流增大可提高起动转矩。

直流电动机的转速表达式为

$$n = (U - I_a R_a - 2\Delta U)/C_e \Phi$$

可见，直流电动机的调速方法有三种：

(1) 调节励磁电流以改变每极磁通；

(2) 调节外施电源电压；

(3) 电枢回路串入可调电阻以增大电枢电阻。

直流电动机的电磁转矩表达式为

$$T_{em} = C_T \Phi I_a$$

可见，改变励磁电流的方向，即改变磁场的方向或是改变电枢电流的方向，都可以改变电枢所受电磁转矩的方向，达到改变电动机转向的目的。

五、实验内容

1. 要求及注意事项

由实验指导人员讲解电机实验的基本要求，实验台各面板的布置及使用方法和注意事项。

2. 检查和连接

在控制屏上按次序悬挂 MEL-13、MEL-09 组件，并检查 MEL-13 和涡流测功机的连接是否正确。

3. 用伏安法测电枢绕组的直流电阻

(1) 按图 1-1 接线。图中 U 为可调直流稳压电源，R 为 3000Ω 磁场调节电阻（MEL-09），PV 为直流电压表（MEL-06），PA 为直流电流表（MEL-06），M 为直流电动机。

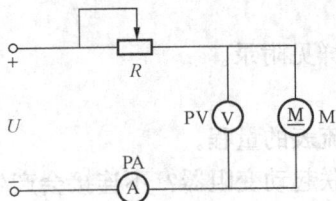

(2) 经检查接线无误后，逆时针调节磁场调节电阻 R 至最大。直流电压表量程选为 300V 档，直流电流表量程选为 2A 档。

(3) 按顺序按下主控制屏绿色"闭合"按钮开关，可调直流稳压电源的船形开关及复位开关，建立直流电源，并调节直流电源至 220V 输出。

(4) 调节 R 使电枢电流达到 0.2A（如果电流太大，可能由于剩磁的作用使电动机旋转，测量无法进行；如果此时

图 1-1 测量电枢绕组直流电阻接线图

电流太小，可能由于接触电阻产生较大的误差），迅速测取电动机电枢两端电压 U_a，填入表 1-1 中。将电机转子分别旋转 1/3 和 2/3 周，同样测取 U_a，填入表 1-1 中。

表 1-1   电枢绕组电阻实验数据

序号	U_a(V)	I_a(A)	$R(\Omega)$		R_a^* (Ω)	R_{aref}^{**} (Ω)
1		0.2	R_{a11}	R_{a1}		
			R_{a12}			
			R_{a13}			
2		0.5	R_{a21}	R_{a2}		
			R_{a22}			
			R_{a23}			
3		0.1	R_{a31}	R_{a3}		
			R_{a32}			
			R_{a33}			

*   电枢绕组的实际冷态电阻。

**   换算到基准工作温度时的电枢绕组电阻。

（5）增大 R（逆时针旋转）使电枢电流分别达到 0.15A 和 0.1A，用上述方法测取 6 组数据，填入表 1-1 中。取三次不同电枢电流下测量的电阻平均值作为实际冷态电阻值 R_a。

（6）计算基准工作温度时的电枢绕组电阻。由实验测得电枢绕组电阻值，此值为实际冷态电阻值，冷态温度为室温。将冷态电阻值换算到基准工作温度时的电枢绕组电阻值，并记入表 1-1 中。

4. 直流仪表、转速表和变阻器的选择

直流仪表、转速表量程是根据电动机的额定值和实验中可能达到的最大值来选择。变阻器根据实验要求来选用，并按电流的大小选择串联、并联或串并联的接法。

（1）电压量程的选择。如测量电动机两端为 220V 的直流电压，则选用直流电压表的 300V 量程档。

（2）电流量程的选择。因为直流并励电动机的额定电流为 1.1A，测量电枢电流的电流表可选用 2A 量程档。额定励磁电流小于 0.16A，测量励磁电流的毫安表选用 200mA 量程档。

（3）电动机额定转速为 1600r/min，若采用指针表和测速发电机，则选用 1800r/min 量程档；若采用光电编码器，则不需要量程选择。

（4）变阻器的选择。变阻器选用的原则是根据实验中所需的阻值和流过变阻器最大的电流来确定。在本实验中，电枢回路调节电阻选用 MEL-09 组件的 100Ω/1.22A 电阻，磁场回路调节电阻选用 MEL-09 的 3000Ω/200mA 可调电阻。

5. 直流电动机的起动

（1）按图 1-2 接线。R_1 为电枢调节电阻（MEL-09），R_f 为磁场调节电阻（MEL-09）。M 为直流并励电动机 M03，G 为涡流测功机。I_s 为电流源，位于 MEL-13，由"转矩设定"电位器进行调节。U_1 为可调直流稳压电源，U_2 为直流电机励磁电源。PV1 为可调直流稳压电源自带电压表。PV2 为直流电压表，量程为 300V 档，位于 MEL-06。PA1 为可调直流稳压电源自带电流表。PA2 为直流毫安表，位于直流电动机励磁电源部。

（2）检查 M、G 之间是否用联轴器连接好，电机导轨和 MEL-13 的连接线是否接好，电动机励磁回路接线是否牢靠，仪表的量程、极性是否选择正确。

（3）将电动机电枢调节电阻 R_1 调至最大，磁场调节电阻调至最小，将 MEL-13 "转速控制"和"转矩控制"选择开关扳向"转矩控制"，"转矩设定"电位器逆时针旋到底。

（4）开启控制屏的总电源控制钥匙开关至"开"位置，按次序按下绿色"闭合"按钮开关，打开励磁电源船形开关和可调直流电源船形开关，按下复位按钮。此时，直流电源的绿色工作发光二极管亮，指示直流电压已建立，旋转电压调节电位器，使可调直流稳压电源输出 220V 电压。

（5）减小 R_1 电阻至最小。

6. 调节他励电动机的转速

（1）分别改变串入电动机 M 电枢回路的调节电阻 R_1 和励磁回路的调节电阻 R_f。

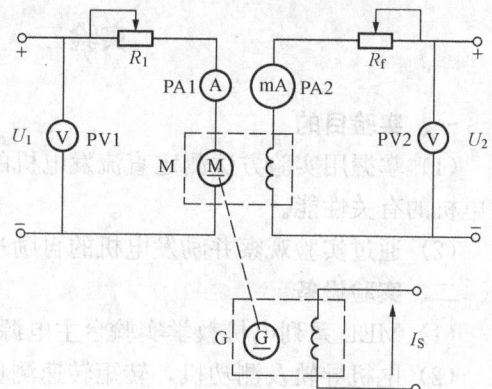

图 1-2 直流他励电动机实验接线图

（2）调节转矩设定电位器，注意转矩不要超过 1.1N·m。

以上两种情况可分别观察转速变化情况。

7. 改变电动机的转向

（1）将电枢回路调节电阻 R_1 调至最大值，"转矩设定"电位器逆时针调到零。

（2）先断开可调直流电源的船形开关，再断开励磁电源的开关，使他励电动机停机。

（3）将电枢或励磁回路的两端接线对调后，再按前述起动电动机，观察电动机的转向及转速表的读数。

六、实验注意事项

（1）直流他励电动机起动时，需将励磁回路串联的电阻 R_f 调到最小，先接通励磁电源，使励磁电流最大，同时必须将电枢串联起动电阻 R_1 调至最大，然后方可接通电源，使电动机正常起动。起动后，将起动电阻 R_1 调至最小，使电机正常工作。

（2）直流他励电动机停机时，必须先切断电枢电源，然后断开励磁电源。同时，必须将电枢串联电阻 R_1 调回最大值，励磁回路串联的电阻 R_f 调到最小值，给下次起动做好准备。

（3）测量前注意仪表的量程、极性及接法。

七、实验报告要求

（1）画出直流并励电动机电枢串电阻起动的接线图。说明电动机起动时，起动电阻 R_1 和磁场调节电阻 R_f 应调到什么位置？为什么？

（2）根据实验数据，完成表 1 - 1 中电枢绕组电阻值的换算。计算时应注意电阻值 R_{a1}、R_{a2}、R_{a3} 分别是各自三次测量数据的平均值，R_a 取 R_{a1}、R_{a2}、R_{a3} 的平均值。换算到基准工作温度时的电枢绕组电阻为

$$R_{aref} = R_a(234.5 + \theta_{ref})/(234.5 + \theta)$$

式中：θ_{ref} 为基准工作温度，对于 E 级绝缘为75℃；θ 为实际冷态时电枢绕组的温度（即室温）。

（3）回答思考题。

八、思考题

（1）增大电枢回路的调节电阻，电动机的转速如何变化？增大励磁回路的调节电阻，转速又如何变化？

（2）用什么方法可以改变直流电动机的转向？

（3）为什么要求直流并励电动机励磁回路的接线要牢靠？

实验二　直 流 发 电 机

一、实验目的

（1）掌握用实验方法测定直流发电机的运行特性，并根据所测得的运行特性评定该被试发电机的有关性能。

（2）通过实验观察并励发电机的自励过程和自励条件。

二、实验设备

（1）MEL 系列电机教学实验台主电源控制屏。

（2）电机导轨及测功机，转矩转速测量组件（MEL-13）或电机导轨及转速表。

（3）直流并励电动机（M03）。

（4）直流复励发电机（M01）。

（5）直流稳压电源（位于主控制屏下部）。

（6）直流电压表、毫安表、电流表（MEL-06）。

（7）波形测试及开关板（MEL-05）。

（8）三相可调电阻 900Ω（MEL-03），详见附录。

（9）三相可调电阻 90Ω（MEL-04），详见附录。

（10）电机起动箱（MEL-09）。

三、预习要点

（1）什么是发电机的运行特性？对于不同的特性曲线，在实验中哪些物理量应保持不变，而哪些物理量应测取？

（2）做空载实验时，励磁电流为什么必须单方向调节？

（3）并励发电机的自励条件有哪些？当发电机不能自励时应如何处理？

（4）如何确定复励发电机是积复励还是差复励？

四、实验原理

1. 直流发电机的空载特性

保持 $n=n_N$，使 $I=0$，曲线 $U_0=f(I_f)$ 称为直流发电机的空载特性。因电刷电动势 $E_a=C_e n\Phi$，所以在转速 n 一定的情况下，E_a（即空载电压 U_0）与磁通 Φ 成正比，这样空载特性与电机磁化曲线 $\Phi=f(I_f)$ 的变化规律相似。受电机铁芯磁饱和性和磁滞性的影响，空载特性曲线为一磁滞回线的形状。

2. 直流发电机的外特性

保持转速 $n=n_N$，使励磁电流 $I_f=I_{fN}$，反映输出电压与输出电流关系的曲线 $U=f(I)$ 称为直流发电机的外特性。直流发电机带负载运行时，影响其端电压大小的因素将因电机励磁方式的不同而有所差别，导致电机外特性出现差异。由于电流在电枢回路引起电压降落（包括电枢电阻和电刷接触电阻两部分），以及受饱和引起的电枢反应去磁作用的影响，他励发电机外特性是略有下倾的。而对于并励发电机，除了上述两个因素外，还由于电压下降的同时使其励磁电流跟着下降，导致电动势进一步下降，因而，其外特性下倾更为严重。对于串励发电机，由于输出电流即为励磁电流，所以随着输出电流的加大其磁场增强，电动势增大，足以抵消电枢回路压降及电枢反应的影响而具有上升的外特性。复励发电机的外特性介于并励与串励之间。

3. 直流发电机的调节特性

保持转速 $n=n_N$，使输出电压 $U=U_N$，反映励磁电流随输出电流变化的曲线 $I_f=f(I)$ 称为直流发电机的调节特性。根据他励与自励发电机外特性下倾的变化特点，要维持恒定的电压就需加大激发磁场的励磁电流。

4. 并励发电机的自励

并励发电机自励建压的必要条件：①具有剩磁；②具有饱和现象。其充分条件：①励磁电阻小于磁场临界电阻；②由剩磁电压产生的励磁电流对剩磁是正反馈。

五、实验内容

1. 直流他励发电机

（1）按图 1-3 接线。G 为直流复励发电机 M01，额定功率 100W，额定电压 200V，额

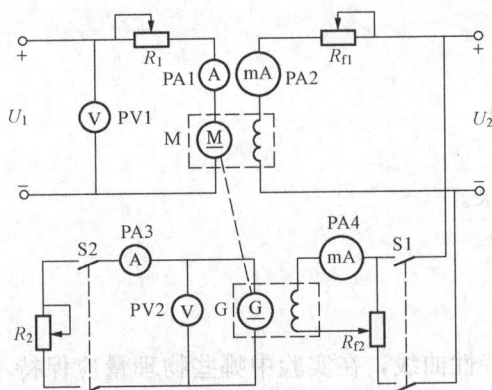

图 1-3　直流他励发电机实验接线图

定电流 0.5A，额定转速 1600r/min。M 为直流并励电动机 M03，按他励接法。S1、S2 为双刀双掷开关，位于 MEL-05。R_1 为电枢调节电阻 100Ω/1.22A，位于 MEL-09。R_{f1} 为磁场调节电阻 3000Ω/200mA，位于 MEL-09。R_{f2} 为磁场调节变阻器，采用 MEL-03 最上端 900Ω 变阻器，并采用分压器接法。R_2 为发电机负载电阻，采用 MEL-03 中间端和下端变阻器，采用串并联接法，阻值为 2250Ω（900Ω 与 900Ω 电阻串联加上 900Ω 与 900Ω 并联）。PA1、PA2 分别为直流电流表和毫安表，位于直流电源上。U_1、U_2 分别为可调直流稳压电源和电机励磁电源。PV1、PV2、PA3 和 PA4 分别为直流电压表（量程为 300V 档）、直流电流表（量程为 2A 档）、直流毫安表（量程为 200mA 档）。

（2）空载特性：

1）打开发电机负载开关 S2，合上励磁电源开关 S1，接通直流电机励磁电源，调节 R_{f2}，使直流发电机励磁电压最小，PA4 读数最小。此时，要注意选择各仪表的量程。

2）调节电动机电枢调节电阻 R_1 至最大，磁场调节电阻 R_{f1} 至最小，起动可调直流稳压电源（先合上对应的船形开关，再按下复位按钮，此时，绿色工作发光二极管亮，表明直流电压已正常建立），使电动机旋转。

3）从数字转速表上观察电动机旋转方向，若电动机反转，可先停机，将电枢或励磁两端接线对调，重新起动，则电动机转向应符合正向旋转的要求。

4）调节电动机电枢电阻 R_1 至最小值，可调直流稳压电源调至 220V；再调节电动机磁场电阻 R_{f1}，使电动机（发电机）转速达到 1600r/min（额定值），并在以后整个实验过程中始终保持此额定转速不变。

5）调节发电机磁场电阻 R_{f2}，使发电机空载电压达 $U_0 = 1.2U_N$（240V）为止。

6）在保持电机额定转速（1600r/min）条件下，从 $U_0 = 1.2U_N$ 开始，单方向调节分压器电阻 R_{f2}，使发电机励磁电流逐次减小，直至 $I_{f2} = 0$。

测取发电机在不同空载电压 U_0 时的励磁电流 I_{f2}，取 7～8 组数据，填入表 1-2 中。其中 $U_0 = U_N$ 和 $I_{f2} = 0$ 两点必测，在 $U_0 = U_N$ 附近测点应较密。

表 1-2　　　　　　　　　　　　　直流他励发电机空载特性实验数据

序　号	1	2	3	4	5	6	7	8
U_0(V)								
I_{f2}(A)								

（3）外特性：

1）在空载实验后，把发电机负载电阻 R_2 调到最大值（把 MEL-03 中间和下端的变阻器逆时针旋转到底），合上负载开关 S2。

2）同时调节电动机磁场调节电阻 R_{f1}、发电机磁场调节电阻 R_{f2} 和负载电阻 R_2，使发电机的 $n = n_N$、$U = U_N$（200V）、$I = I_N$（0.5A），该点为发电机的额定运行点，其励磁电流称为

额定励磁电流 I_{f2N}。

3）在保持 $n=n_N$ 和 $I_{f2}=I_{f2N}$ 不变的条件下，逐渐增加负载电阻，即减少发电机负载电流，从额定负载到空载运行范围内，测取发电机的电压 U 和电流 I，直到空载（断开开关 S2），共取 7~8 组数据，填入表 1-3 中。其中额定和空载两点必测。

表 1-3　　　　　　　　　直流他励发电机外特性实验数据

序　号	1	2	3	4	5	6	7	8
$U(V)$								
$I(A)$								

（4）调整特性：

1）断开发电机负载开关 S2，调节发电机磁场电阻 R_{f2}，使发电机空载电压达额定值（$U_N=200V$）。

2）在保持发电机 $n=n_N$ 条件下，合上负载开关 S2，调节负载电阻 R_2，逐次增加发电机输出电流 I。同时相应调节发电机励磁电流 I_{f2}，使发电机端电压保持额定值 $U=U_N$，从发电机的空载至额定负载范围内，测取发电机的输出电流 I 和励磁电流 I_{f2}，共取 7~8 组数据，填入表 1-4 中。

表 1-4　　　　　　　　　直流他励发电机调整特性实验数据

序　号	1	2	3	4	5	6	7	8
$I(A)$								
$I_{f2}(A)$								

2. 直流并励发电机

（1）观察自励过程：

1）按图 1-4 接线。R_1、R_{f1} 分别为电动机电枢调节电阻和磁场调节电阻，位于 MEL-09。PA1、PA2 分别为直流电流表和毫安表，位于可调直流电源和励磁电源上。PA3、PA4 分别为直流电流表和毫安表，位于 MEL-06。R_{f2} 为 MEL-03 中两只 900Ω 电阻相串联，并调至最大。R_2 采用 MEL-03 中间端和下端变阻器，采用串并联接法，阻值为 2250Ω。S1、S2 位于 MEL-05。PV1、PV2 为直流电压表，其中 PV1 位于直流可调电源上，PV2 位于 MEL-06。

2）断开主控制屏电源开关，即按下红色按钮，钥匙开关拨向"关"。

3）断开 S1、S2，按前述方法（见直流他励发电机空载特性实验内容）起动电动机，调节电动机转速，使发电机的转速 $n=n_N$。用直流电压表测量发电机是否有剩磁电压，若无剩磁电压，可将并励绕组改接他励进行充磁。

4）合上开关 S1，逐渐减少 R_{f2}，观察电动机电枢两端电压，若电压逐渐上升，说明满足自励条件。如果不能自励建压，将励磁回路的两个端头对调连接即可。

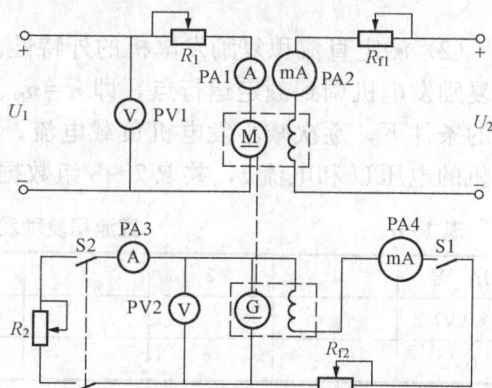
图 1-4　直流并励发电机实验接线图

（2）测定直流并励发电机外特性：

1）在并励发电机电压建立后，调节负载电阻 R_2 到最大，合上负载开关 S2，调节电动机的磁场调节电阻 R_{f1}、发电机的磁场调节电阻 R_{f2} 和负载电阻 R_2，使发电机 $n=n_N$、$U=U_N$、$I=I_N$。

2）保证此时 R_{f2} 的值和 $n=n_N$ 不变的条件下，逐步减小负载，直至 $I=0$，在额定负载到空载运行范围内，测取发电机的电压 U 和电流 I，共取 7～8 组数据，填入表 1-5 中。其中额定和空载两点必测。

表 1-5　　　　　　　　　　　　直流并励发电机外特性实验数据

序　号	1	2	3	4	5	6	7	8
$U(V)$								
$I(A)$								

3. 直流复励发电机

（1）积复励和差复励的判别：

1）按图 1-5 接线。R_1、R_{f1} 为电动机电枢调节电阻和磁场调节电阻，位于 MEL-09。PA1、PA2 分别为直流电流表和直流毫安表。PV1、PV2、PA3、PA4 为直流电压表、直流电流表、直流毫安表，采用 MEL-06 组件。R_{f2} 采用 MEL-03 中两只 900Ω 电阻串联。R_2 采用 MEL-03 中四只 900Ω 电阻串并联接法，最大值为 2250Ω。S1、S2 分别为单刀双掷和双刀双掷开关，位于 MEL-05 开关板上。

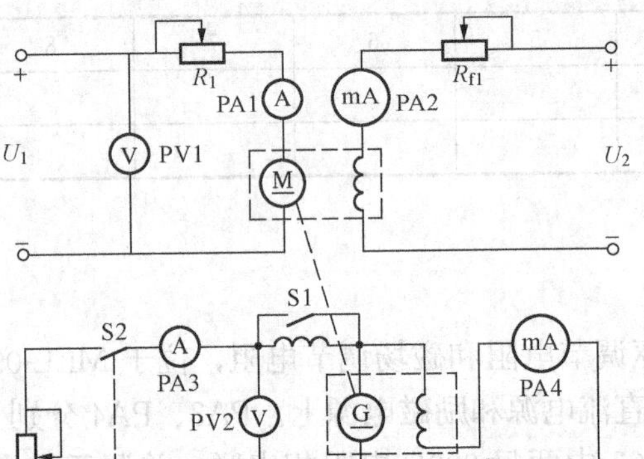

2）合上开关 S1、S2，将串励绕组短接，使发电机处于并励状态运行，按上述并励发电机外特性试验方法，调节发电机输出电流 $I=0.5I_N$、$n=n_N$、$U=U_N$。

3）打开短路开关 S1，在保持发电机 n、R_{f2} 和 R_2 不变的条件下，观察发电机端电压的变化，若此电压升高即为积复励；若电压降低即为差复励。如要把差复励改为积复励，对调串励绕组接线即可。

图 1-5　直流复励发电机实验接线图

（2）测定直流积复励发电机的外特性。实验方法与测取并励发电机的外特性相同。将积复励发电机调到额定运行点，即 $n=n_N$、$U=U_N$、$I=I_N$，在保持此时的 R_{f2} 和 $n=n_N$ 不变的条件下，逐次减小发电机负载电流，直至 $I=0$。在额定负载到空载范围内，测取发电机的电压 U 和电流 I，共取 7～8 组数据，记录于表 1-6 中。其中额定和空载两点必测。

表 1-6　　　　　　　　　　　　直流积复励发电机外特性实验数据

序　号	1	2	3	4	5	6	7	8
$U(V)$								
$I(A)$								

六、实验注意事项

（1）起动直流电动机时，先把 R_1 调到最大，R_{f2} 调到最小；起动完毕后，再把 R_1 调到最小。

（2）测定外特性时，需调节负载电阻 R_2，调节时应先调节串联部分，当负载电流大于 0.4A 时再用并联部分，并将串联部分阻值调到最小且用导线短接以避免烧毁熔断器。

七、实验报告要求

（1）根据直流发电机空载实验数据，作出空载特性曲线。由空载特性曲线计算出被试发电机的饱和系数和剩磁电压的百分数。

（2）在同一张坐标纸上绘出直流他励、并励和复励发电机的三条外特性曲线，分别算出三种励磁方式的电压变化率并分析差异的原因。

（3）绘出直流他励发电机调整特性曲线。分析在发电机转速不变的条件下，为什么负载增加时，要保持端电压不变，必须增加励磁电流的原因。

（4）回答思考题。

八、思考题

（1）直流并励发电机不能建立电压有哪些原因？

（2）在发电机—电动机组成的机组中，当发电机负载增加时，为什么机组的转速会变低？为了保持发电机的转速 $n = n_N$，应如何调节？

实验三　直流并励电动机

一、实验目的

（1）掌握用实验方法测取直流并励电动机的工作特性和机械特性。

（2）掌握直流并励电动机的调速方法。

（3）了解直流电动机能耗制动的方法。

二、实验设备

（1）MEL 系列电机教学实验台的主电源控制屏。

（2）电机导轨及涡流测功机、转矩转速测量（MEL-13）。

（3）可调直流稳压电源（含直流电压表、电流表、毫安表）。

（4）直流电压表、直流毫安表、直流电流表（MEL-06）。

（5）直流并励电动机。

（6）波形测试及开关板（MEL-05）。

（7）三相可调电阻 900Ω（MEL-03）。

三、预习要点

（1）直流电动机工作特性与机械特性曲线的变化走向及原因。

（2）直流电动机的调速原理。

（3）直流电动机制动的原理与方法。

四、实验原理

1. 工作特性和机械特性

保持 $U = U_N$ 和 $I_f = I_{fN}$ 不变，n、T_2、η 随 I_a 而变化的关系称为直流电动机的工作特性。保

持 $U=U_N$ 和 $I_f=I_{fN}$ 不变，n 随 T_2 而变化的关系称为直流电动机的机械特性。因 $T_{em}=T_2=C_T\Phi I_a$，故而对并励电动机而言，当 $I_f=I_{fN}$ 不变时 I_a 随 T_2 的增大而增大，同时 I_a 增大又会带来电枢反应的去磁作用增强，使主磁通 Φ 减小，两者共同的变化使转速 n 变化不大只是略有下降，因此，并励电动机具有硬特性性质。

2. 调速特性

(1) 改变电枢电压调速。保持 $U=U_N$、$I_f=I_{fN}$、$T_2=$ 常数，改变电枢回路外接电阻的大小，便改变了与其串联的电枢绕组所受电压的大小，从而实现调速的目的。

(2) 改变励磁电流调速。保持 $U=U_N$、$T_2=$ 常数，调节励磁回路的电阻可以改变励磁电流进而改变磁通的大小，从而实现调速的目的。

3. 能耗制动

不切断并励电动机的电源，将电枢电路从电源侧倒向电阻侧，此时电动机便作为发电机运行，电枢电流方向改变，形成制动转矩，从而加速电机停转。

五、实验内容

1. 直流并励电动机的工作特性和机械特性

实验接线如图 1-6 所示。U_1 为可调直流稳压电源。R_1、R_f 分别为电枢调节电阻和磁场调节电阻，位于 MEL-09。PA1、PA2 为直流安培表、直流毫安表，PV1、PV2 为直流电压表，采用 MEL-06 组件。G 为涡流测功机。I_S 为测功机可调励磁电源，位于 MEL-13。

(1) 将 R_1 调至最大，R_f 调至最小，PA1 量程为 2A 档，PA2 量程为 200mA，电压表量程为 300V 档。检查涡流测功机与 MEL-13 是否相连，将 MEL-13 "转速控制"和"转矩控制"选择开关板向"转矩控制"，"转矩设定"电位器逆时针旋到底，打开船形开关，按本章实验一中方法起动直流电源，使电动机旋转，并调整电动机的旋转方向，使电动机正转。

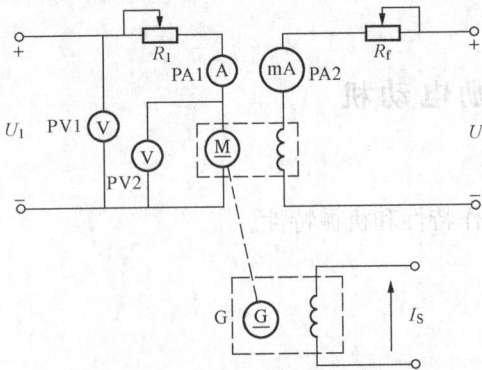

图 1-6　直流并励电动机实验接线图

(2) 直流电动机正常起动后，将电枢串联电阻 R_1 调至零，调节直流可调稳压电源的输出至 220V。再分别调节磁场调节电阻 R_f 和"转矩设定"电位器（即调节电动机的负载），使电动机达到额定值，即 $U=U_N=220\text{V}$、$I_a=I_N$、$n=n_N=1600\text{r/min}$。此时直流电动机的励磁电流 I_f 等于额定励磁电流 I_{fN}，测量并记录此值于表 1-7 的表头中。

(3) 保持 $U=U_N$、$I_f=I_{fN}$ 不变的条件下，逐次减小电动机的负载，即逆时针调节"转矩设定"电位器，测取电动机电枢电流 I_a、转速 n 和转矩 T_2，共取数据 7～8 组填入表 1-7 中。

表 1-7　　并励电动机工作特性与机械特性实验数据 $(U=U_N=220\text{V}, I_f=I_{fN}=\quad\quad \text{A})$

序　号		1	2	3	4	5	6	7	8
实验数据	$I_a(\text{A})$								
	$n(\text{r/min})$								
	$T_2(\text{N}\cdot\text{m})$								

续表

序　号		1	2	3	4	5	6	7	8
计算数据	P_2(W)								
	P_1(W)								
	η(%)								
	Δn(%)								

2. 调速特性

（1）改变电枢电压调速：

1）按上述方法起动直流电动机后，将电阻 R_1 调至零，并同时调节负载、电枢电压和磁场调节电阻 R_f，使电动机的 $U=U_N$、$I_a=0.5I_N$、$I_f=I_{fN}$，记录此时的 T_2 于表 1-8 中。

2）保持 T_2 不变，$I_f=I_{fN}$ 不变，逐次增加 R_1 的阻值，即降低电枢两端的电压 U_a。将 R_1 从零调至最大值，测取电动机的端电压 U_a、转速 n 和电枢电流 I_a，共取 7～8 组数据，填入表 1-8 中。

表 1-8　　　并励电动机改变电枢电压调速实验数据 $(I_f=I_{fN}=$　　　A，$T_2=$　　　N·m)

序　号	1	2	3	4	5	6	7	8
U_a(V)								
n(r/min)								
I_a(A)								

（2）改变励磁电流调速：

1）直流电动机起动后，将电枢调节电阻和磁场调节电阻 R_f 调至零，调节可调直流电源的输出为 220V，通过调节"转矩设定"电位器来调节电动机的负载，使电动机的 $U=U_N$、$I_a=0.5I_N$，记录此时的 T_2 于表 1-9 中。

2）保持 T_2 和 $U=U_N$ 不变，逐次增加磁场电阻 R_f 阻值，直至 $n=1.3n_N$，每次测取电动机的 n、I_f 和 I_a，共取 7～8 组数据，填入表 1-9 中。

表 1-9　　　并励电动机改变励磁电流调速实验数据 $(U=U_N=220V，T_2=$　　　N·m)

序　号	1	2	3	4	5	6	7	8
n(r/min)								
I_f(A)								
I_a(A)								

3. 能耗制动

（1）按图 1-7 接线。U_1 为可调直流稳压电源。R_1、R_f 分别为直流电机电枢调节电阻和磁场调节电阻（MEL-09）。R_L 采用 MEL-03 中两只 900Ω 电阻并联。S 为双刀双掷开关（MEL-05）。

（2）将开关 S 合向"1"端，R_1 调至最大，

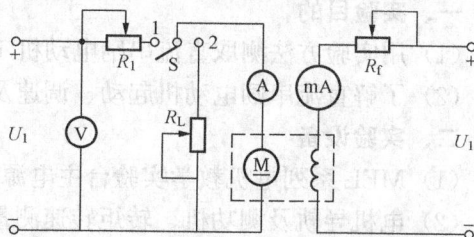

图 1-7　直流并励电动机能耗制动实验接线图

R_f 调至最小，起动直流电动机。

（3）运行正常后，将开关 S 断开，电机处于自由停机，记录停机时间。

（4）重复起动电动机，待运转正常后，把 S 合向"2"端记录停机时间。

（5）选择不同 R_L 阻值，观察对停机时间的影响。

六、实验注意事项

（1）注意使用的是直流仪表，同时量程选择合适。

（2）注意接线的极性。

（3）实验中应注意对电枢电阻、磁场调节电阻及转矩设定电位器的调节方法。

七、实验报告要求

（1）由实验结果完成表 1-7 中数据的计算，并绘出 n、T_2、η 与 I_a 及 n 与 T_2 的特性曲线。

步骤提示：

1）电动机输出功率 $P_2 = T_2\Omega = T_2 2\pi n/60 = 0.105nT_2$。其中，输出转矩 T_2 的单位为 N·m，转速 n 的单位为 r/min。

2）电动机输入功率 $P_1 = UI$，其中电动机输入电流 $I = I_a + I_{fN}$。

3）电动机效率 $\eta = (P_2/P_1) \times 100\%$。

4）由工作特性求出转速变化率 $\Delta n = [(n_0 - n_N)/n_N] \times 100\%$。

（2）根据表 1-8 和表 1-9 中的实验数据绘出并励电动机调速特性曲线 $n = f(U_a)$ 和 $n = f(I_f)$，分析在恒转矩负载时两种调速过程中电枢电流的变化规律及两种调速方法的优缺点。

（3）利用实验数据说明能耗制动时间与制动电阻 R_L 的关系及原因。

（4）回答思考题。

八、思考题

（1）并励电动机的速率特性 $n = f(I_a)$ 为什么是略微下降？是否会出现上翘现象？为什么？上翘的速率特性对电动机运行有何影响？

（2）当并励电动机的负载转矩和励磁电流不变时，减小电枢电压，为什么会引起电动机转速降低？

（3）当并励电动机的负载转矩和电枢电压不变时，减小励磁电流会引起转速的升高，为什么？

（4）并励电动机在负载运行中，当励磁回路断线时是否一定会出现"飞速"？为什么？

实验四　直流串励电动机

一、实验目的

（1）用实验方法测取直流串励电动机工作特性和机械特性。

（2）了解直流串励电动机起动、调速及改变转向的方法。

二、实验设备

（1）MEL 系列电机教学实验台主电源控制屏。

（2）电机导轨及测功机、转矩转速测量（MEL-13）。

（3）可调直流稳压电源（含直流电压表、直流毫安表、直流电流表）。

（4）直流电压表、直流毫安表、直流电流表（MEL-06），

（5）三相可调电阻器 900Ω（MEL-04）。

（6）波形测试及开关板（MEL-05）。

（7）直流串励电动机（M02）。

三、预习要点

（1）直流串励电动机与并励电动机的工作特性有何差别？直流串励电动机的转速变化率是怎样定义的？

（2）直流串励电动机的调速方法及其注意问题。

四、实验原理

1. 工作特性和机械特性

在保持 $U=U_N$ 的条件下，转速 n、转矩 T_2、效率 η 随电枢电流 I_a 变化的规律称为工作特性。转速 n 随转矩 T_2 变化的规律称为（自然）机械特性。直流串励电动机的特点是励磁电流即为电枢电流，因而电动机主磁场随负载而变化。当轻载时，转矩与电枢电流的平方成比例；当负载增大时，由于铁芯饱和的影响，转矩与电枢电流近似成正比。另外，随负载增大，电枢回路的电压损耗增大，加之由负载增大所带来的主磁场增强，两者共同作用使转速随负载增加而迅速下降，即具有软特性性质。

2. 人为机械特性

保持 $U=U_N$ 和电枢回路串入电阻 R_1 为常值的条件下所得到的机械特性，称作直流串励电动机的人为机械特性。在保持电源电压一定的情况下，影响直流串励电动机转速的因素主要有两个：一个是由励磁电流产生的磁场；另一个是电枢电流在电枢回路电阻上产生的电压降落。通过人为在电枢回路串入电阻可加大电枢回路的电压损耗，从而使机械特性的下降度加大。

3. 直流串励电动机的调速

当外施电源电压不变时，直流串励电动机的调速方法有两种：一是通过在电枢回路串联电阻调速；二是将串励绕组并联可调电阻，用以调节串励绕组的电流，改变每极磁通的方法来达到调速的目的。

五、实验内容

1. 直流串励电动机的工作特性和机械特性

（1）实验接线如图 1-8 所示。U_1 为可调直流稳压电源，PV1、PV2 为直流电压表，分别位于直流电源和 MEL-06，PA1、PA2 为直流电流表，分别位于直流电源和 MEL-06。R_1、R_f 分别采用 MEL-04 中两只 90Ω 电阻相串联。M 为直流串励电动机 M02，G 为涡流测功机。I_S 为测功机可调励磁电源，位于 MEL-13，通过航空插座和测功机相连。开关 S 选用 MEL-05。

（2）由于串励电动机不允许空载起动，所以测功机"转矩设定"电位器顺时针转过一定角度，即给串励电动机施加一定负载（MEL-13 的开关设置同本章实验三内容）。

（3）调节串励电动机 M 的电枢串联起动电阻 R_1 和磁场调节电阻 R_f 到最大值，断开开关

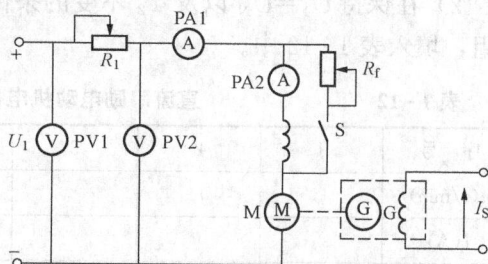

图 1-8 直流串励电动机实验接线图

S，按实验一方法起动直流电源，并观察转向是否正确。

（4）电动机运转后，调节 R_1 至零，调节可调直流稳压电源使电动机的电枢电压 $U=U_N=220V$，同时调节测功机"转矩设定"电位器，使电机电枢电流 $I=1.2I_N$。

（5）在保持 $U_1=U_N$ 的条件下，逐次减小负载直至 $n<1.5n_N$ 为止，每次测取 I、n、T_2，共取 7～8 组数据，填入表 1-10 中。

表 1-10　　　　　　　　　直流串励电动机工作特性与机械特性实验数据

序　　号		1	2	3	4	5	6	7	8
实验数据	$I_a(A)$								
	$n(r/min)$								
	$T_2(N \cdot m)$								
计算数据	$P_2(W)$								
	$\eta(\%)$								

2. 测取电枢串电阻后直流串励电动机的人为机械特性

（1）按前述方法起动串励电动机 M 后，调节可调直流稳压电源至 220V，并同时调节串入电枢的电阻 R_1 和测功机"转矩设定"电位器旋钮，使电机的电枢电流 $I=I_N$，转速 $n=0.8n_N$。

（2）保持此时的 R_1 不变和 $U=U_N$，逐次减小电动机的负载，直至 $n \leqslant 1.5n_N$ 为止，每次测取 U_2、I、n、T_2，共取 7～8 组数据，填入表 1-11 中。

表 1-11　　　　　　　　　直流串励电动机人为机械特性实验数据

序　　号		1	2	3	4	5	6	7	8
实验数据	$U_2(V)$								
	$I_a(A)$								
	$n(r/min)$								
	$T_2(N \cdot m)$								
计算数据	$P_2(W)$								
	$\eta(\%)$								

3. 调速特性

（1）电枢回路串电阻调速：

1）按前述方法电动机带负载起动后，将 R_1 调至零。同时调节可调直流稳压电源和测功机"转矩设定"电位器旋转，使 $U_1=U_N=220V$、$I \approx I_N$，记录此时电动机的 n、I 和 T_2。

2）在保持 $U_1=U_N$ 以及 T_2 不变的条件下，逐次增加 R_1 阻值，测取 n、I、U_2 数据 7～8 组，填入表 1-12 中。

表 1-12　　　　　　　　　直流串励电动机电枢回路串电阻调速实验数据

序　　号	1	2	3	4	5	6	7	8
$n(r/min)$								
$I(A)$								
$U_2(V)$								

（2）串励绕组并联电阻调速：

1）合上电源前，打开开关 S，分别将 R_1 和 R_f 调至最大值。

2）电动机带负载起动后，调节 R_1 至零，合上开关 S。

3）调节可调直流稳压电源使 $U_1 = U_N = 220V$、$T_2 = 0.8T_N$，记录此时电动机的 n、I、I_f、T_2。

4）在保持 $U = U_N$ 及 T_2 不变的条件下，逐次减小 R_f 阻值，直至 $n \leqslant 1.5n_N$ 为止。测取 n、I、I_f 数据 7～8 组，填入表 1-13 中。

表 1-13　　　　　　直流串励电动机串励绕组并联电阻调速实验数据

序　号	1	2	3	4	5	6	7	8
n(r/min)								
I(A)								
I_f(A)								

六、实验注意事项

（1）若要在实验中使直流串励电动机 M 停机，须将电枢回路的串联起动电阻 R_1 调回到最大值，断开直流电源。

（2）实验中调节 R_f 阻值时，应注意 R_f 不能短接。

七、实验报告要求

（1）绘出直流串励电动机的工作特性曲线 $n = f(I_a)$、$T_2 = f(I_a)$、$\eta = f(I_a)$。

（2）在同一张坐标纸上绘出直流串励电动机的自然和人为机械特性。

（3）绘出直流串励电动机恒转矩两种调速的特性曲线，并分析在 $U = U_N$ 及 T_2 不变条件下进行调速时电枢电流的变化规律；比较两种调速方法的优缺点。

八、思考题

（1）直流串励电动机为什么不允许空载和轻载起动？

（2）串励绕组并联电阻调速时，为什么不允许并联电阻调至零？

实验五　直流他励电动机的机械特性

一、实验目的

（1）用实验方法测取直流他励电动机的自然机械特性和人为机械特性。

（2）掌握直流他励电动机机械特性的改变方法。

（3）熟悉直流他励电动机的接线与起动方法。

二、实验设备

（1）MEL 系列电机教学实验台主电源控制屏。

（2）电机导轨及测功机、转矩测速测量组件（MEL-13）。

（3）直流并励电动机（M03、M12，接成他励方式）。

（4）直流稳压电源（位于主控制屏下部）。

（5）直流电压表、毫安表、电流表（MEL-06）。

（6）波形测试及开关板（MEL-05）。

（7）三相可调电阻 900Ω（MEL-03）。

（8）三相可调电阻 90Ω（MEL-04），

（9）电机起动箱（MEL-09）。

三、预习要点

（1）直流他励电动机人为机械特性的概念及自然机械特性的特点。

（2）改变直流他励电动机的机械特性有哪些方法？

四、实验原理

1. 直流他励电动机自然机械特性

在保持电枢电压 $U_a = U_N$、励磁电流 $I_f = I_{fN}$ 和电枢电阻不变的条件下，转速 n 随电磁转矩 T_{em} 变化的关系称为直流他励电动机的自然机械特性。因 $T_{em} = C_T \Phi I_a$，故对他励电动机而言，当 $I_f = I_{fN}$ 不变时，I_a 随 T_2 的增大而增大，同时 I_a 增大又会带来电枢反应的去磁作用增强使主磁通 Φ 减小，两者共同的变化使转速 n 变化不大只是略有下降，因此，他励电动机具有硬特性性质。

2. 直流他励电动机人为机械特性

通过改变电枢电压、励磁电流和电枢回路电阻三者中的任何一个因素，都可以改变直流他励电动机的机械特性，这样的机械特性称作直流他励电动机的人为机械特性。在保持直流他励电动机的电枢电压一定的情况下，通过人为地在电枢回路串入电阻可加大电枢回路的电压损耗，从而使机械特性的下降度加大，这一点与并励电动机相似；若改变电枢电压，将改变电刷电动势，使特性曲线发生上下平移；若改变励磁电流将会改变磁通，使空载转速发生改变，特性曲线的倾斜度将发生变化。

五、实验内容

（1）测定直流他励电动机的自然机械特性。

（2）分别改变电枢回路电阻、电枢电压及励磁电流，测定这三种方法下直流他励电动机的人为机械特性。

六、实验注意事项

（1）直流他励电动机起动时，需注意对励磁电阻及电枢电阻的调节方法。

（2）直流他励电动机停机时，励磁电源与电枢电源的断开顺序。

（3）接线完成后，需经指导教师检查后方可通电进行实验。

（4）电枢电压与励磁电流的调节都应注意不要超过电动机允许的额定值。

七、实验报告要求

（1）依据实验题目，确定所需实验设备及仪表（类型及量程的选取）。

（2）设计实验电路、拟定实验步骤并列出实验数据表格。

（3）分别在三张坐标纸上绘出直流他励电动机的自然机械特性和三种方法下的人为机械特性。

（4）补充实验注意事项。

八、思考题

（1）比较直流他励、并励与串励电动机机械特性曲线的异同，并进行说明。

（2）比较直流他励电动机的自然和人为机械特性曲线的不同，并进行说明。

（3）比较三种方法对于直流他励电动机的机械特性曲线调节作用的不同。

第二章 变 压 器

实验一 单相变压器参数及运行特性的测定

一、实验目的

（1）通过空载和短路实验测定变压器的变比和参数。

（2）通过负载实验测取变压器的运行特性。

二、实验设备

（1）MEL 系列电机教学实验台主电源控制屏（含交流电压表、交流电流表）。

（2）功率及功率因数表（MEL-20 或含在主电源控制屏内），详见附录中仪表屏内容。

（3）三相组式变压器（MEL-01）或单相变压器（在主控制屏的右下方）。

（4）三相可调电阻 900Ω（MEL-03）。

（5）波形测试及开关板（MEL-05）。

（6）三相可调电抗（MEL-08），参见附图 8 及其相关内容。

三、预习要点

（1）变压器的空载和短路实验有什么特点？实验中电源电压一般加在变压器的哪一侧较合适？

（2）在变压器空载和短路实验中，各种仪表应怎样连接才能使测量误差最小？

（3）如何用实验方法测定变压器的铁耗及铜耗？

（4）如何求取变压器等值电路中的参数？

（5）变压器的外特性及电压调整率。

四、实验原理

1. 空载实验

变压器空载运行时，其等值电路为 Z_1 与 Z_m 的串联，因 $Z_1 \ll Z_m$，故而可近似为只含有 Z_m，利用空载运行状态下的实验数据便可计算出励磁参数。励磁参数是随铁芯的饱和程度而变化的。由于变压器总是在额定电压或很接近于额定电压的情况下运行，空载实验时应调节外施电压等于额定电压，这样所求得的励磁参数才是变压器实际运行时的数值。

变压器的铁芯为铁磁性物质，内部具有大量磁畴。在外加磁场的作用下，磁畴因受力朝同一方向偏转而产生附加磁场即铁芯被磁化。当外加磁场减小直至消失时，磁畴因受力减小而趋于恢复原有的杂乱无章的状态，但不能完全恢复，因而铁芯具有一定剩磁。铁磁性物质的这种磁感应强度的变化滞后于外加磁场变化的特性被称作磁滞性。空载实验时，考虑到磁滞性的影响，所加电源电压应单方向变化。

2. 短路实验

变压器短路运行时，其等值电路为 Z_1 串联 Z_m 与 Z_2 的并联，因 $Z_m \gg Z_2$，故而可近似为 Z_1 串联 Z_2，即此时的等值电路中只有 Z_k。利用短路运行状态下的实验数据便可计算出 Z_k，进而求得 Z_1 和 Z_2。

3. 负载实验

变压器有载运行时，负载电流在漏阻抗上产生压降，漏阻抗压降不仅与负载电流大小成正比，且与负载的功率因数有关。这样，虽然变压器一次侧所加电源电压仍为额定电压，但二次侧输出电压将发生变化。定义空载和在额定功率因数下供给额定电流时，两个二次电压的数值差与额定电压比值的百分数为电压调整率。

五、实验内容

1. 空载实验

(1) 实验接线如图 2-1 所示。变压器 T 选用 MEL-01 三相组式变压器中的一只，额定功率 77W，额定电压 220/55V，额定电流 0.35/1.4A。实验时，变压器低压绕组 2U1、2U2 接电

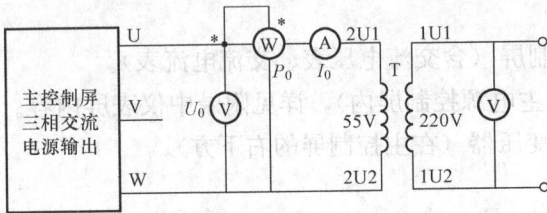

图 2-1　单相变压器空载实验接线图

源，高压绕组 1U1、1U2 开路。仪表分别为交流电流表、交流电压表，采用智能数字式与指针式模拟表同时接入的方法，量程可根据需要选择。功率表采用智能型数字仪表。

(2) 在三相交流电源断电的条件下，将调压器旋钮逆时针方向旋转到底。并合理选择各仪表量程。

(3) 合上交流电源总开关，即按下绿色"闭合"开关，顺时针调节调压器旋钮，使变压器空载电压 $U_0 = 1.2U_N$。

(4) 逐次降低电源电压，在 $1.2 \sim 0.5 U_N$ 的范围内，测取变压器的 U_0、I_0、P_0，共取 6~7 组数据，记录于表 2-1 中。其中 $U_0 = U_N$ 点必须测，并在该点附近的测量点应密些。为了计算变压器的变比，在测取电源电压 U_0 的同时测取高压绕组电压 $U_{1U1,1U2}$，填入表 2-1 中。

表 2-1　　　　　　　　　　　　　**单相变压器空载实验数据**

序　号	实　验　数　据				计　算　数　据			
	U_0(V)	I_0(A)	P_0(W)	$U_{1U1,1U2}$	k	R_m(Ω)	Z_m(Ω)	X_m(Ω)
1								
2								
3								
4								
5								
6								
7								

(5) 测量数据以后，断开三相电源，以便为下次实验做好准备。

2. 短路实验

(1) 实验接线如图 2-2 所示。实验时，变压器 T 的高压绕组接电源，低压绕组直接短路。仪表分别为交流电流表、电压表、功率表，选择方法

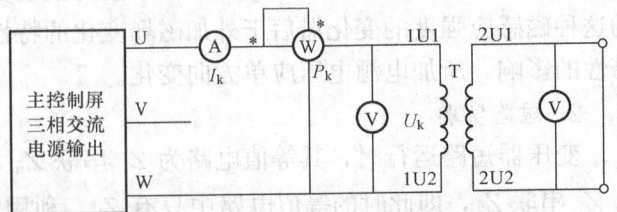

图 2-2　单相变压器短路实验接线图

同空载实验。

（2）断开三相交流电源，将调压器旋钮逆时针方向旋转到底，即使输出电压为零。

（3）合上交流电源绿色"闭合"开关，接通交流电源，逐次增加输入电压，直到短路电流等于 $1.1I_N$ 为止。在 $0.5\sim1.1I_N$ 范围内测取变压器的 U_k、I_k、P_k，共取 $5\sim6$ 组数据记录于表 $2-2$ 中。其中 $I_k=I_N$ 点必测，并记录实验时周围环境温度。

表 2-2　　　　　　　　　　　　　　单相变压器短路实验数据

序 号	实 验 数 据			计 算 数 据（室温 $\theta=$ ℃）		
	$U_k(V)$	$I_k(A)$	$P_k(W)$			
1				$R_{k\theta}(\Omega)$	$Z_{k\theta}(\Omega)$	$X_{k\theta}(\Omega)$
2						
3						
4				$R_{k75℃}(\Omega)$	$Z_{k75℃}(\Omega)$	$X_{k75℃}(\Omega)$
5						
6						

3. 负载实验

（1）实验接线如图 $2-3$ 所示。变压器 T 低压绕组接电源，高压绕组经过开关 S1 和 S2，接到负载电阻 R_L 和电抗 X_L 上。R_L 选用 MEL-03 的两只 900Ω 电阻相串联，X_L 选用 MEL-08。开关 S1、S2 采用 MEL-05 的双刀双掷开关。电压表、电流表、功率表的选择同空载实验。

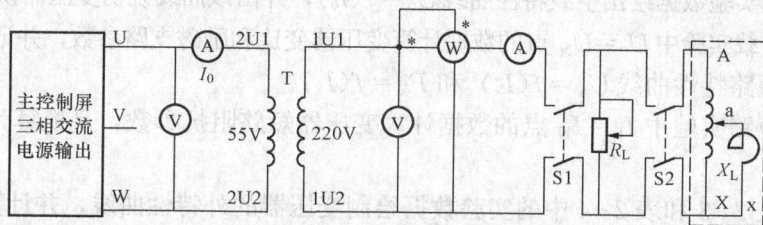

图 2-3　单相变压器负载实验接线图

（2）变压器带纯电阻负载：

1）未上主电源前，将调压器调节旋钮逆时针调到底，S1、S2 断开，负载电阻值调到最大。

2）合上交流电源，逐渐升高电源电压，使变压器输入电压 $U_1=U_N=55V$。

3）在保持 $U_1=U_N$ 的条件下，合上开关 S1，逐渐增加负载电流，即减小负载电阻 R_L 的值，从空载到额定负载范围内，测取变压器的输出电压 U_2 和电流 I_2。

4）测取数据时，$I_2=0$ 和 $I_2=I_{2N}=0.35A$ 点必测，共取数据 $6\sim7$ 组，记录于表 $2-3$ 中。

表 2-3　　　　　　　　　　　　　　单相变压器外特性实验数据（$\cos\varphi_2=1$）

序 号	1	2	3	4	5	6	7
$U_2(V)$							
$I_2(A)$							

（3）变压器带阻感性负载（$\cos\varphi_2=0.8$）（选做）：

1）用电抗器 X_L 和 R_L 并联作为变压器的负载，S1、S2 打开，电阻及电抗器调至最大，即将变阻器旋钮和调压器旋钮，逆时针调到底。

2）合上交流电源，调节电源输出使 $U_1=U_{1N}$。

3）合上 S1、S2，在保持 $U_1=U_{1N}$ 及 $\cos\varphi_2=0.8$ 条件下，逐渐增加负载，从空载到额定负载的范围内，测取变压器的 U_2 和 I_2，共取数据 6～7 组记录于表 2-4 中，其中 $I_2=0$ 和 $I_2=I_{2N}$ 两点必测。

表 2-4　　　　　　　　单相变压器外特性实验数据（$\cos\varphi_2=0.8$）

序　号	1	2	3	4	5	6	7
U_2(V)							
I_2(A)							

六、实验注意事项

（1）实验中，应注意电压表、电流表、功率表的合理布置，功率表需注意电压线圈和电流线圈的同名端，避免接错线。

（2）每次改接线路时，都要关断电源，且务必将调压器旋钮调回到零位。

（3）空载实验时，考虑到铁芯磁滞性的影响，所加电源电压应单方向变化。

（4）短路实验操作要快，否则绕组发热会引起电阻变化。

七、实验报告要求

（1）由空载实验数据绘出空载特性曲线 $U_0=f(I_0)$，并由该曲线说明变压器铁芯的磁性能。

（2）利用空载实验中 $U_0=U_N$ 点的数据计算变压器变比和励磁支路参数，并记入表 2-1 中。

（3）绘出短路特性曲线 $U_k=f(I_k)$ 和 $P_k=f(I_k)$。

（4）利用短路实验中 $I_k=I_N$ 点的数据计算变压器短路阻抗参数，且换算为 75℃ 时的值，记入表 2-2 中。

（5）利用表 2-3 和表 2-4 中的实验数据绘制变压器的外特性曲线，并计算电压调整率。

（6）回答思考题。

八、思考题

（1）变压器的等值电路中为何存在参数及电量的归算问题？如何归算？

（2）空载电流就是变压器有载运行时电流中的励磁电流分量吗？为何它只有额定电流的 2% 左右？

（3）短路实验中，为何所加电源电压不能太大？当 $I_k=I_N$ 时，所加电源电压与额定电压的比值有多大，该比值与短路阻抗的标幺值有何关系？

（4）变压器带阻性或感性负载时，其外特性曲线为何是下倾的？变压器的外特性何时是上翘的？

实验二　三相变压器参数及运行特性的测定

一、实验目的

（1）通过空载和短路实验，测定三相变压器的变比和参数。

（2）通过负载实验，测取三相变压器的运行特性。

二、实验设备

（1）MEL 系列电机教学实验台主电源控制屏（含交流电压表、交流电流表）。

（2）功率表及功率因数表（MEL-20 或含在主电源控制屏内）。

（3）三相芯式变压器（MEL-02）或单相变压器（在主电源控制屏的右下方）。

（4）三相可调电阻 900Ω（MEL-03）。

（5）波形测试及开关板（MEL-05）。

（6）三相可调电抗（MEL-08）。

三、预习要点

（1）如何用双瓦特计法测三相功率？空载和短路实验应如何合理布置仪表？

（2）如何测定三相变压器的铁耗和铜耗？

（3）变压器空载和短路实验应注意哪些问题？电源应加在哪一侧较合适？

（4）如何利用实验数据计算三相变压器的参数？

四、实验原理

1. 变比

变压器的变比为一、二次绕组的匝数比，此值近似等于变压器额定电压（对应相电压）之比。当三相变压器两侧三相绕组接法一致时，该值也就等于额定电压（线电压）之比。

2. 空载实验

在频率和匝数一定时，施加于变压器上的电源电压不同，将直接影响其铁芯中主磁通的大小，进而影响产生主磁通的励磁电流的大小。由于铁芯具有饱和性使得励磁电流与主磁通之间呈非线性关系。因而，空载时变压器的电源电压 U_0 与空载电流（即励磁电流）I_0 之间为非线性关系。与单相变压器实验原理相似，利用额定电压时的空载实验数据可以计算三相变压器的励磁参数。

变压器的铁芯为铁磁性物质，内部具有大量磁畴。在外加磁场的作用下，磁畴因受力朝同一方向偏转而产生附加磁场，即铁芯被磁化。当外加磁场减小直至消失时，磁畴因受力减小而趋于恢复原有的杂乱无章的状态，但不能完全恢复，因而铁芯具有一定剩磁。铁磁性物质的这种磁感应强度的变化滞后于外加磁场变化的特性被称作磁滞性。空载实验时，考虑到磁滞性的影响，所加电源电压应单方向变化。

3. 短路实验

变压器短路时，因电流 I_k 中励磁电流分量所占比例很小，故可以略去不计，这时加于变压器的电源电压 U_k 与电流 I_k 之间近似成正比，比例系数为变压器的短路阻抗。与单相变压器实验原理相似，利用额定电流时的短路实验数据可以计算三相变压器的短路阻抗参数。

4. 负载实验

实验原理同单相变压器。

五、实验内容

1. 测定变比

（1）实验接线如图 2-4 所示。被试变压器选用 MEL-02 三相三绕组芯式变压器，其额定容量 $P_N = 152/152/152W$，额定电压 $U_N = 220/63.5/55V$，额定电流 $I_N = 0.4/1.38/1.6A$，Ydy 接法。实验时只用高、低压两组绕组，中压绕组不用。

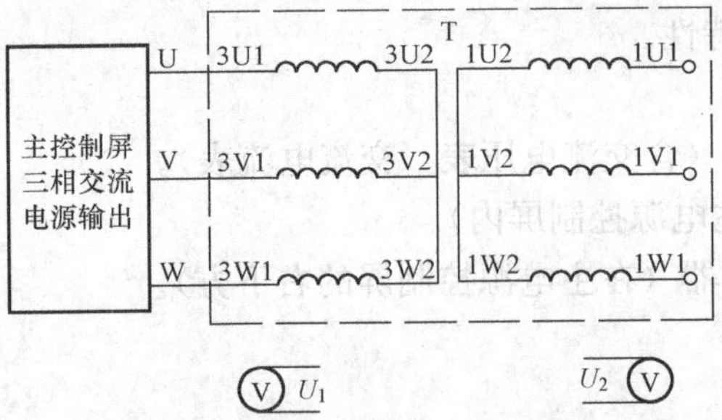

图 2-4　三相变压器变比实验接线图

(2) 在三相交流电源断电的条件下，将调压器旋钮逆时针方向旋转到底。并合理选择各仪表量程。

(3) 合上交流电源总开关，即按下绿色"闭合"开关，顺时针调节调压器旋钮，使变压器空载电压 $U_0 = 0.5U_N$。测取高、低压绕组的线电压 $U_{1U1,1V1}$、$U_{1V1,1W1}$、$U_{1W1,1U1}$、$U_{3U1,3V1}$、$U_{3V1,3W1}$、$U_{3W1,3U1}$，记录于表 2-5 中。

表 2-5　　　　　　　　　　　测定三相变压器变比实验数据

$U(V)$		K_{UV}	$U(V)$		K_{VW}	$U(V)$		K_{WU}	K
$U_{1U1,1V1}$	$U_{3U1,3V1}$		$U_{1V1,1W1}$	$U_{3V1,3W1}$		$U_{1W1,1U1}$	$U_{3W1,3U1}$		

2. 空载实验

(1) 实验接线如图 2-5 所示。变压器选用 MEL-02 三相芯式变压器。实验时，变压器低压绕组接电源，高压绕组开路。仪表分别为交流电流表、交流电压表、功率表。具体配置由所采购的电机教学实验台型号不同有所差别。若设备为 MEL-Ⅰ系列，则交流电流表、电压表为三组指针式模拟表，量程可根据需要选择，功率表采用单独的组

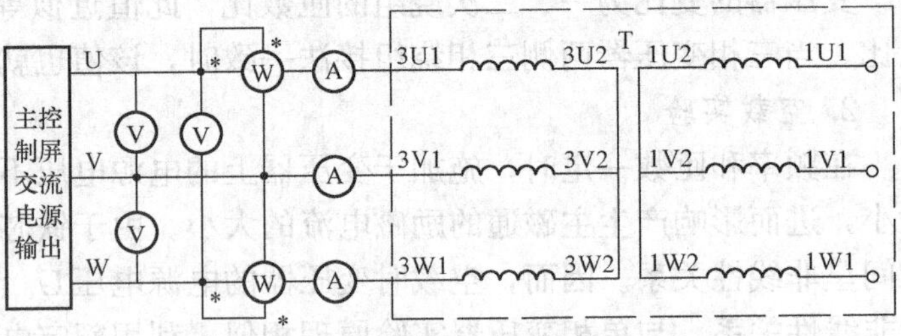

图 2-5　三相变压器空载实验接线图

件（MEL-20 或 MEL-24）；若设备为 MEL-Ⅱ系列，则上述仪表为智能型数字仪表，量程可自动也可手动选择，功率表含在主控屏上。

(2) 接通电源前，先将交流电源调到输出电压为零的位置。合上交流电源总开关，即按下绿色"闭合"开关，顺时针调节调压器旋钮，使变压器空载电压 $U_0 = 1.2U_N$。

(3) 逐次降低电源电压，在 $1.2 \sim 0.5U_N$ 的范围内，测取变压器的三相线电压、电流和功率，共取 5~6 组数据，记录于表 2-6 中。其中 $U = U_N$ 的点必须测，并在该点附近测的点应密些。

(4) 测量数据以后，断开三相电源，以便为下次实验做好准备。

表 2-6　　　　　　　　　　　三相变压器空载实验数据

序号	实 验 数 据								计 算 数 据			
	$U_0(V)$			$I_0(A)$			$P_0(W)$		$U_0(V)$	$I_0(A)$	$P_0(W)$	$\cos\varphi_2$
	$U_{3U1,3V1}$	$U_{3V1,3W1}$	$U_{3W1,3U1}$	$I_{3U1,0}$	$I_{3V1,0}$	$I_{3W1,0}$	P_{01}	P_{02}				
1												
2												
3												
4												
5												
6												

3. 短路实验

（1）实验接线如图2-6所示。变压器高压绕组接电源，低压绕组直接短路。接通电源前，将交流调压器调至输出电压为零的位置。

（2）接通电源后，逐渐增大电源电压，使变压器的短路电流 $I_k=1.1I_N$。然后逐次降低电源电压，在 $1.1\sim0.5I_N$ 的范围内，测取变压器的三相输入电压、电流及功率，共取 $4\sim5$ 组数据，记录于表2-7中，其中 $I_k=I_N$ 点必测。实验时，记下周围环境温度（℃），作为绕组的实际温度。

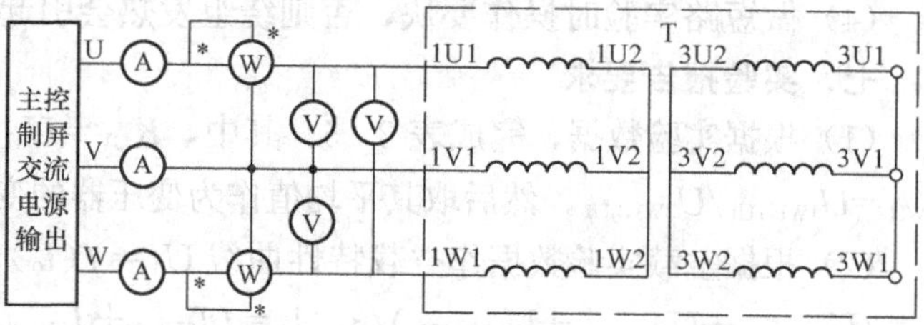

图 2-6　三相变压器短路实验接线图

表 2-7 　　　　　　　三相变压器短路实验数据 （$\theta=$ 　　℃）

序号	实 验 数 据								计 算 数 据			
	$U_k(V)$			$I_k(A)$			$P_k(W)$		$U_k(V)$	$I_k(A)$	$P_k(W)$	$\cos\varphi_2$
	$U_{1U1,1V1}$	$U_{1V1,1U1}$	$U_{1W1,1U1}$	I_{1U1}	I_{1V1}	I_{1W1}	P_{k1}	P_{k2}				
1												
2												
3												
4												
5												

4. 纯电阻负载实验

（1）实验接线如图2-7所示。变压器低压绕组接电源，高压绕组经开关 S（MEL-05）接负载电阻 R_L。R_L 选用三只 1800Ω 电阻（MEL-03 中的 900Ω 和 900Ω 相串联）。

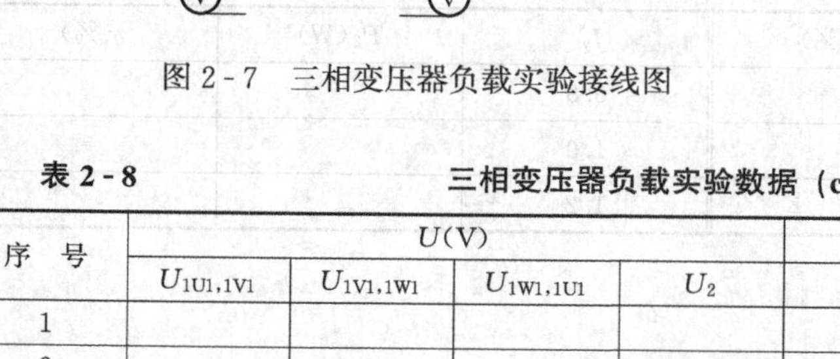

图 2-7　三相变压器负载实验接线图

（2）将负载电阻 R_L 调至最大，合上开关 S1 接通电源，调节交流电压，使变压器的输入电压 $U_1=U_{1N}$。

（3）在保持 $U_1=U_{1N}$ 的条件下，逐次增加负载电流，从空载到额定负载范围内，测取变压器三相输出线电压和相电流，共取 $4\sim5$ 组数据，记录于表2-8中，其中 $I_2=0$ 和 $I_2=I_N$ 两点必测。

表 2-8 　　　　　　　三相变压器负载实验数据 （$\cos\varphi_2=1$）

序　号	$U(V)$				$I(A)$			
	$U_{1U1,1V1}$	$U_{1V1,1W1}$	$U_{1W1,1U1}$	U_2	I_{1U1}	I_{1V1}	I_{1W1}	I_2
1								
2								
3								
4								
5								

六、实验注意事项

(1) 功率表接线时，需注意电压线圈和电流线圈的同名端，避免接错线。

(2) 应注意电压表、电流表和功率表的合理布置。

(3) 空载实验时，考虑到铁芯磁滞性的影响，所加电源电压应单方向变化。

(4) 做短路实验时操作要快，否则绕组发热会引起电阻变化。

七、实验报告要求

(1) 根据实验数据，完成表 2-5。其中，$K_{UV}=U_{1U1,1V1}/U_{3U1,3V1}$，$K_{VW}=U_{1V1,1W1}/U_{3V1,3W1}$，$K_{WU}=U_{1W1,1U1}/U_{3W1,3U1}$，然后取其平均值作为变压器的变比。

(2) 根据空载实验数据作空载特性曲线 $U_0=f(I_0)$，$P_0=f(U_0)$，$\cos\varphi_0=f(U_0)$。其中 $U_0=(U_{3U1,3V1}+U_{3V1,3W1}+U_{3W1,3U1})/3$，$I_0=(I_{3U1,0}+I_{3V1,0}+I_{3W1,0})/3$，$P_0=P_{01}+P_{02}$，$\cos\varphi_0=P_0/\sqrt{3}U_0I_0$。

(3) 计算励磁参数。利用空载实验中对应于 $U_0=U_N$ 时的 I_0 和 P_0 值，求取励磁参数。

(4) 根据短路实验数据绘出短路特性曲线 $U_k=f(I_k)$，$P_k=f(I_k)$，$\cos\varphi_k=f(I_k)$。计算中 $U_k=(U_{1U1,1V1}+U_{1V1,1W1}+U_{1W1,1U1})/3$，$I_k=(I_{1U1}+I_{1V1}+I_{1W1})/3$，$P_k=P_{k1}+P_{k2}$，$\cos\varphi_k=P_k/\sqrt{3}U_kI_k$。

(5) 计算短路参数。利用短路实验中对应于 $I_k=I_N$ 时的 U_k 和 P_k 值，求取短路参数，并换算为基准工作温度 75℃时的值。

(6) 画出实验变压器的近似等值电路，并标出元件参数值。

(7) 计算出阻抗电压 u_k 及其有功分量 u_a 与无功分量 u_r。

(8) 用以下两种方法计算变压器的电压变化率 ΔU：

1) 根据实验数据绘出 $\cos\varphi_2=1$ 时的特性曲线 $U_2=f(I_2)$，由特性曲线计算出 $I_2=I_{2N}$ 时的电压变化率 ΔU，$\Delta U=[(U_{20}-U_2)/U_{20}]\times100\%$。

2) 根据实验求出的参数，算出 $I_2=I_{2N}$，$\cos\varphi_2=1$ 时的电压调整率 ΔU，$\Delta U=(u_a\cos\varphi_2+u_r\sin\varphi_2)\times100\%$。

(9) 用间接法算出在 $\cos\varphi_2=0.8$ 时，不同负载电流时的变压器效率，记录于表 2-9 中，由此绘出被试变压器的效率特性曲线并计算经济负载系数。其中 $\eta=[1-(P_0+I_2^{*2}P_{kN})/(I_2^*P_N\cos\varphi_2+P_0+I_2^{*2}P_{kN})]\times100\%$。

表 2-9   不同负载时变压器效率计算数据

I_2^*	$P_2(\text{W})$	$\eta(\%)$	I_2^*	$P_2(\text{W})$	$\eta(\%)$
0.2			0.8		
0.4			1.0		
0.6			1.2		

注 上角标"*"为标幺值。

(10) 回答思考题。

八、思考题

(1) 分析负载性质对变压器电压调整率的影响。

(2) 评价变压器电压调整率的两种计算方法。

实验三 三相变压器的联结组

一、实验目的

(1) 掌握用实验方法确定三相变压器的相间极性（标志端）及同名端。

(2) 掌握用实验方法判别三相变压器的联结组。

二、实验设备

(1) MEL 系列电机教学实验台主电源控制屏（含交流电压表、交流电流表）。

(2) 三相组式变压器（MEL-01）。

(3) 三相芯式变压器（MEL-02）。

三、预习要点

(1) 理解同名端的概念。

(2) 明确联结组的定义及研究联结组的意义。

(3) 国家规定的标准联结组有哪几种？如何把 Yy0 联结组改成 Yy6 联结组，把 Yd11 联结组改为 Yd5 联结组？

四、实验原理

1. 标志端及同名端

两个绕组被同一磁通交链，当该磁通交变时在两绕组中将分别感应电动势，任一瞬间两个绕组电位相同的一对端点被称为同极性端。变压器中，在一同侧的相间绕组的同极性端被标志为绕组的首端（末端）；一、二次绕组的同极性端被称作同名端。

2. 联结组

联结组是用来说明三相变压器绕组的连接方式及其一、二次侧线电动势间的相位角的。变压器的同名端（一、二次侧极性）取决于绕组的绕向。实际上制成的变压器，其绕组的绕向都是相同的，故而同名端的位置是固定的。如果人为改变变压器一侧的端头标志，将会使一、二次电动势的参考方向对同名端的取向发生改变（与标志端不变，改变同名端效果相同），从而改变一、二次电动势相位之间的关系。

五、实验内容

1. 测定极性

(1) 测定标志端（相间极性）：

1) 按照图 2-8 接线。被试变压器选用 MEL-02 三相芯式变压器，用其中高压和低压两组绕组，额定参数分别为 $P_N = 152/152W$，$U_N = 220/55V$，$I_N = 0.4/1.6A$，Yy 接法。阻值大的为高压绕组，用 1U1、1V1、1W1、1U2、1V2、1W2 标记。低压绕组标记用 3U1、3V1、3W1、3U2、3V2、3W2。将 1U1、1U2 和电源 U、V 相连，1V2、1W2 两端点用导线相连。

2) 合上交流电源总开关，即按下绿色"闭合"开关，顺时针调节调压器旋钮，在 U、V 间施加约 $50\% U_N$ 的电压。

3) 测出电压 $U_{1V1,1V2}$、$U_{1W1,1W2}$、$U_{1V1,1W1}$，

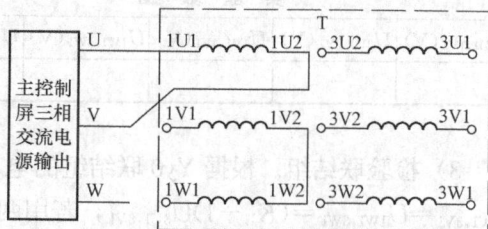

图 2-8 三相变压器测定相间极性实验接线图

若 $U_{1V1,1W1} = |U_{1V1,1V2} - U_{1W1,1W2}|$，则首末端标记正确；若 $U_{1V1,1W1} = |U_{1V1,1V2} + U_{1W1,1W2}|$，则标记不对，须将 V、W 两相任一相绕组的首末端标记对调。然后用同样方法，将 V、W 两相中的任一相施加电压，另外两相末端相连，定出每相首、末端正确的标记。

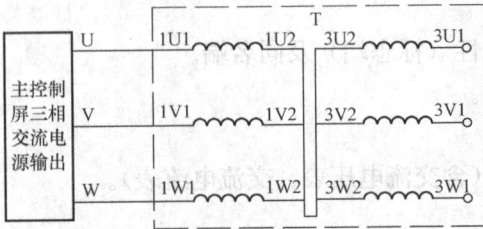

图 2-9　三相变压器测定一、二次极性实验接线图

（2）测定同名端（一、二次侧极性）：

1）暂时标出三相低压绕组的标记 3U1、3V1、3W1、3U2、3V2、3W2，然后按照图 2-9 接线。一、二次侧中性点用导线相连。

2）高压三相绕组施加约 50% 的额定电压，测出电压 $U_{1U1,1U2}$、$U_{1V1,1V2}$、$U_{1W1,1W2}$、$U_{3U1,3U2}$、$U_{3V1,3V2}$、$U_{3W1,3W2}$、$U_{1U1,3U1}$、$U_{1V1,3V1}$、$U_{1W1,3W1}$。若 $U_{1U1,3U1} = U_{1U1,1U2} - U_{3U1,3U2}$，则 U 相高、低压绕组同柱，并且首端 1U1 与 3U1 点为同极性端；若 $U_{1U1,3U1} = U_{1U1,1U2} + U_{3U1,3U2}$，则 1U1 与 3U1 为异极性端。

3）用同样的方法判别出 1V1、1W1 两相一、二次侧的极性。高低压三相绕组的极性确定后，根据要求连接出不同的联结组。

2. 检验联结组

（1）联结组 Yy0：

1）按照图 2-10 接线。1U1、3U1 两端点用导线连接。

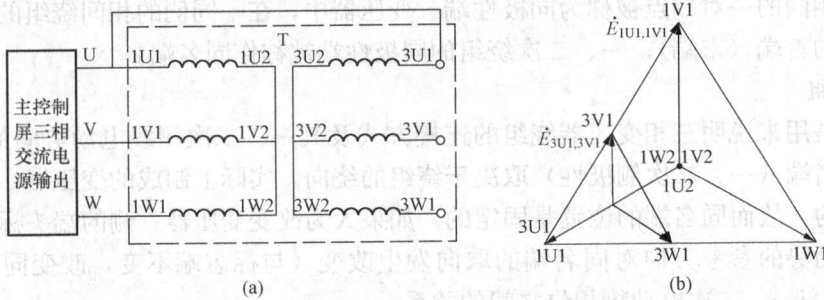

（a）

（b）

图 2-10　Yy0 联结组

（a）接线图；（b）相量图

2）在高压方施加三相对称的额定电压，测出 $U_{1U1,1V1}$、$U_{3U1,3V1}$、$U_{1V1,3V1}$、$U_{1W1,3W1}$ 及 $U_{1V1,3W1}$，并将数据记录于表 2-10 中。

表 2-10　　　　　　　　　　　　　　　　Yy0 联结组实验数据

实验数据					计算数据		
$U_{1U1,1V1}$(V)	$U_{3U1,3V1}$(V)	$U_{1V1,3V1}$(V)	$U_{1W1,3W1}$(V)	$U_{1V1,3W1}$(V)	K_L	$U_{1V1,3V1}$(V)	$U_{1W1,3W1}$(V)	$U_{1V1,3W1}$(V)

3）检验联结组。根据 Yy0 联结组的电动势相量图可知 $U_{1V1,3W1} = U_{3U1,3V1}\sqrt{(K_L^2 - K_L + 1)}$，$U_{1V1,3V1} = U_{1W1,3W1} = (K_L - 1)U_{3U1,3V1}$，若用两式计算出的电压 $U_{1V1,3V1}$、$U_{1W1,3W1}$、$U_{1V1,3W1}$ 的数值与实验测取的数值相同，则表示线圈连接正确，属 Yy0 联结组。

（2）联结组 Yy6：

1）按图 2-11 接线。将 Yy0 联结组的二次绕组首、末端标记对调，1U1、3U1 两点用导线相连。

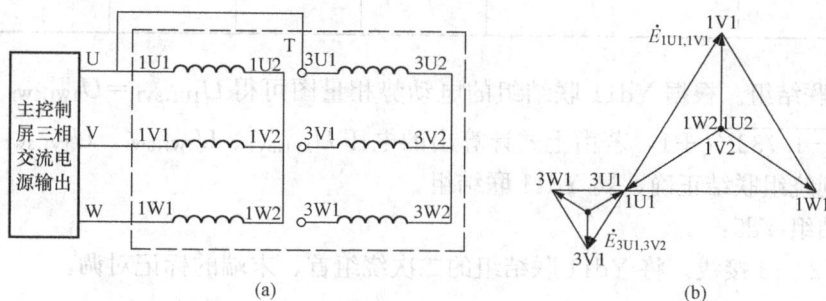

图 2-11 Yy6 联结组
(a) 接线图；(b) 相量图

2）按前面方法测出电压 $U_{1U1,1V1}$、$U_{3U1,3V1}$、$U_{1V1,3V1}$、$U_{1W1,3W1}$ 及 $U_{1V1,3W1}$，将数据记录于表 2-11 中。

表 2-11   Yy6 联结组实验数据

实 验 数 据					计 算 数 据			
$U_{1U1,1V1}$(V)	$U_{3U1,3V1}$(V)	$U_{1V1,3V1}$(V)	$U_{1W1,3W1}$(V)	$U_{1V1,3W1}$(V)	K_L	$U_{1V1,3V1}$(V)	$U_{1W1,3W1}$(V)	$U_{1V1,3W1}$(V)

3）检验联结组。根据 Yy6 联结组的电动势相量图可得 $U_{1V1,3W1}=U_{3U1,3V1}\sqrt{(K_L^2+K_L+1)}$，$U_{1V1,3V1}=U_{1W1,3W1}=(K_L+1)U_{3U1,3V1}$，若由上两式计算出电压 $U_{1V1,3V1}$、$U_{1W1,3W1}$、$U_{1V1,3W1}$ 的数值与实测相同，则绕组连接正确，属于 Yy6 联结组。

（3）联结组 Yd11：

1）按图 2-12 接线。1U1、3U1 两端点用导线相连。

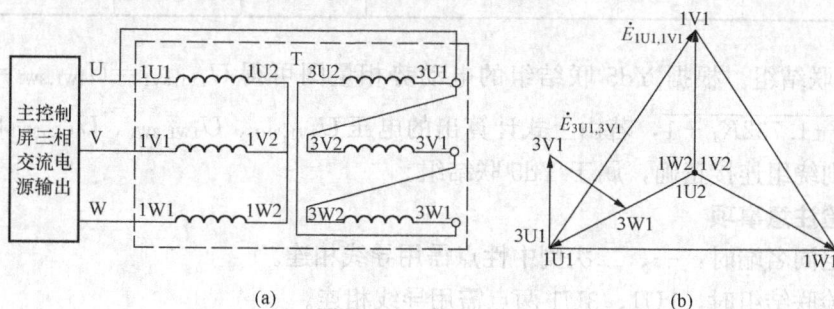

图 2-12 Yd11 联结组
(a) 接线图；(b) 相量图

2）一次侧施加对称额定电压，测取 $U_{1U1,1V1}$、$U_{3U1,3V1}$、$U_{1V1,3V1}$、$U_{1W1,3W1}$ 及 $U_{1V1,3W1}$，将数据记录于表 2-12 中。

表 2 - 12 Yd11 联结组实验数据

实 验 数 据						计 算 数 据		
$U_{1U1,1V1}$(V)	$U_{3U1,3V1}$(V)	$U_{1V1,3V1}$(V)	$U_{1W1,3W1}$(V)	$U_{1V1,3W1}$(V)	K_L	$U_{1V1,3V1}$(V)	$U_{1W1,3W1}$(V)	$U_{1V1,3W1}$(V)

3）检验联结组。根据 Yd11 联结组的电动势相量图可得 $U_{1U1,3V1}=U_{1W1,3W1}=U_{1V1,3W1}=U_{3U1,3V1}\sqrt{K_L^2-1.732K_L+1}$，若由上式计算出的电压 $U_{1V1,3V1}$、$U_{1W1,3W1}$、$U_{1V1,3W1}$ 的数值与实测值相同，则绕组联结正确，属 Yd11 联结组。

（4）联结组 Yd5：

1）按图 2 - 13 接线。将 Yd11 联结组的二次绕组首、末端的标记对调。

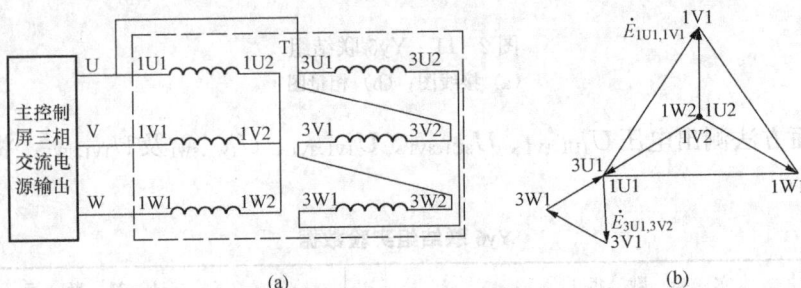

图 2 - 13 Yd5 联结组
(a) 接线图；(b) 相量图

2）实验方法同前，测取 $U_{1U1,1V1}$、$U_{3U1,3V1}$、$U_{1V1,3V1}$、$U_{1W1,3W1}$、$U_{1V1,3W1}$，将数据记录于表 2 - 13 中。

表 2 - 13 Yd5 联结组实验数据

实 验 数 据						计 算 数 据		
$U_{1U1,1V1}$(V)	$U_{3U1,3V1}$(V)	$U_{1V1,3V1}$(V)	$U_{1W1,3W1}$(V)	$U_{1V1,3W1}$(V)	K_L	$U_{1V1,3V1}$(V)	$U_{1W1,3W1}$(V)	$U_{1V1,3W1}$(V)

3）检验联结组。根据 Yd5 联结组的电动势相量图可得 $U_{1V1,3V1}=U_{1W1,3W1}=U_{1V1,3W1}=U_{3U1,3V1}\sqrt{K_L^2+1.732K_L+1}$，若由上式计算出的电压 $U_{1V1,3V1}$、$U_{1W1,3W1}$、$U_{1V1,3W1}$ 的数值与实测值相同，则绕组连接正确，属于 Yd5 联结组。

六、实验注意事项

（1）测定同名端时，一、二次侧中性点需用导线相连。

（2）检验联结组时，1U1、3U1 两点需用导线相连。

七、实验报告要求

（1）在接线图中标出实验所确定出的同名端。

（2）计算出不同联结组时的 $U_{1V1,3V1}$、$U_{1W1,3W1}$、$U_{1V1,3W1}$ 的数值并与实测值进行比较，判别绕组连接是否正确。

（3）回答思考题。

八、思考题

（1）通过实验，总结改变变压器一侧同名端或标志端的位置会对变压器的联结组别产生什么样的影响？

（2）测定同名端时，为何一、二次侧中性点需用导线相连？

（3）检验联结组别时，1U1、3U1 两点为何需用导线相连？

实验四　单相变压器的并联运行

一、实验目的

（1）学习变压器投入并联运行的方法。

（2）研究短路电压对负载分配的影响。

二、实验设备

（1）MEL 系列电机教学实验台主电源控制屏（含交流电压表、交流电流表）。

（2）功率及功率因数表（MEL-20 或含在主电源控制屏内）。

（3）三相组式变压器（MEL-01）。

（4）三相可调电阻 90Ω（MEL-04）。

（5）波形测试及开关板（MEL-05）。

三、预习要点

（1）单相变压器并联运行的条件。

（2）如何验证两台变压器具有相同的极性？

（3）短路电压对负载分配的影响。

四、实验原理

1. 单相变压器并联运行的条件

（1）并联的各台单相变压器必须有相同的电压等级且极性相同。

（2）各变压器应有相同的短路电压。

（3）各变压器应有相同的短路电压有功分量和短路电压无功分量，即具有相同的短路阻抗角。

2. 短路电压对并联运行变压器的影响

有载运行时，负载电流在并联运行的变压器之间应进行合理的分配，也就是说各变压器所分担的负载电流应该与它们的容量成正比。这就要求并联运行的变压器要具有相同的短路电压，否则，短路电压小的变压器将先达到满载，从而限制了总负载，使其余变压器的容量不能充分利用。

五、实验内容

1. 两台单相变压器空载投入并联运行

（1）实验接线如图 2-14 所示。图中单相变压器 TⅠ 和 TⅡ 选用三相组式变压器 MEL-01 中的任意两台。变压器的高压绕组并联接电源。低压绕组经开关 S1 并联后，再由开关 S3 接负载电阻 R_L。由于负载电流较大，R_L 可采用并串联接法（选用 MEL-04 的 90Ω 与 90Ω 并联再与 180Ω 串联，共 225Ω）的变阻器。为了人为地改变变压器 TⅡ 的阻抗电压，在其二次侧串入电阻 R（选用 MEL-04 的 90Ω 与 90Ω 并联的变阻器）。

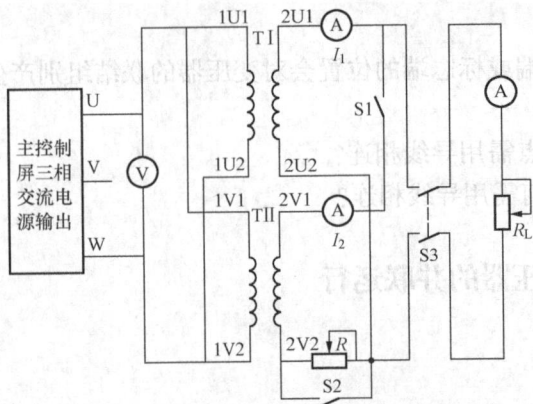

图 2-14　单相变压器并联运行实验接线图

（2）检查变压器的变比和极性：

1）接通电源前，将开关 S1、S3 打开，合上开关 S2。

2）接通电源后，调节变压器输入电压至额定值，测出两台变压器二次侧电压 $U_{2U1,2U2}$ 和 $U_{2V1,2U2}$，若 $U_{2U1,2U2} = U_{2V1,2U2}$，则两台变压器的变比相等，即 $K_I = K_{II}$。

3）测出两台变压器二次侧的 2U1 与 2V1 端点之间的电压 $U_{2U1,2V1}$，若 $U_{2U1,2V1} = U_{2U1,2U2} - U_{2V1,2U2}$，则首端 1U1 与 1V1 为同极性端；反之为异极性端。

（3）投入并联。检查两台变压器的变比相等和极性相同后，合上开关 S1，即投入并联。若 K_I 与 K_{II} 不是严格相等，将会产生环流。

2. 短路电压相等的两台单相变压器并联运行

（1）投入并联后，合上负载开关 S3。

（2）在保持原方额定电压不变的情况下，逐次增加负载电流，直至其中一台变压器的输出电流达到额定电流为止，测取 I、I_I、I_{II}，共取 5～6 组数据，记录于表 2-14 中。

3. 短路电压不相等的两台单相变压器并联运行

打开短路开关 S2，变压器 TII 的二次侧串入电阻 R，R 数值可根据需要调节（一般取 5～10Ω 之间）。重复前面实验测出 I、I_I、I_{II}，共取 5～6 组数据，记录于表 2-15 中。

表 2-14　变压器短路电压相等时的负载电流分配数据

序　号	I_I(A)	I_{II}(A)	I(A)
1			
2			
3			
4			
5			
6			

表 2-15　变压器短路电压不相等时的负载电流分配数据

序　号	I_I(A)	I_{II}(A)	I(A)
1			
2			
3			
4			
5			
6			

六、实验注意事项

（1）调节负载电阻 R_L 减小时，应先调节 R_L 中串联部分的 180Ω 电阻（串联的两个 90Ω 电阻），当其被调整为 0 时将其用导线短接；然后再调节并联部分的 45Ω 电阻（并联的两个 90Ω 电阻），以免调节过程中由于电流增大烧坏电阻。

（2）测量负载电流分配数据时，只要有一台变压器的输出电流达到额定值就不能再增加负载电流。

七、实验报告要求

（1）根据表 2-14 的实验数据，画出负载分配曲线 $I_I = f(I)$ 及 $I_{II} = f(I)$。

（2）根据表 2-15 的实验数据，画出负载分配曲线 $I_I = f(I)$ 及 $I_{II} = f(I)$。

（3）结合实验结果分析短路电压对负载分配的影响。

（4）回答思考题。

八、思考题

（1）变压器并联运行的条件中哪一个条件必须满足，不满足会产生什么影响？

（2）实际中对并联运行变压器的容量比有何要求？为什么？

实验五 三相变压器的并联运行

一、实验目的

（1）学习三相变压器投入并联运行的方法。

（2）研究短路电压对负载分配的影响。

二、实验设备

（1）MEL 系列电机教学实验台主电源控制屏（含交流电压表、交流电流表）。

（2）功率及功率因数表（MEL-20 或含在主电源控制屏内）。

（3）三相芯式变压器（MEL-02）。

（4）三相可调电阻 90Ω（MEL-04）。

（5）波形测试及开关板（MEL-05）。

（6）三相可调电抗（MEL-08）。

三、预习要点

（1）三相变压器并联运行的条件。不同联结组的变压器并联后会出现什么后果？

（2）短路电压对负载分配的影响。

四、实验原理

1. 三相变压器并联运行的条件

（1）并联的各台三相变压器必须有相同的电压等级和相同的联结组别。

（2）各变压器应有相同的短路电压。

（3）各变压器应有相同的短路电压有功分量和短路电压无功分量，即具有相同的短路阻抗角。

2. 短路电压对并联运行变压器的影响

有载运行时，负载电流在并联运行的变压器之间应进行合理的分配，也就是说各变压器所分担的负载电流应该与它们的容量成正比。这就要求并联运行的变压器要具有相同的短路电压，否则，短路电压小的变压器将先达到满载，从而限制了总负载，使其余变压器的容量不能充分利用。

五、实验内容

1. 两台三相变压器空载投入并联运行

（1）实验接线如图 2-15 所示。图中变压器 TⅠ 和 TⅡ 选用两台 MEL-02 三相芯式变压器，其中低压绕组不用。由前面实验三的方法确定三相变压器一、二次侧极性后，根据变压器的铭牌接成 Yy 联结组。将两台变压器的高压绕组并联接电源，中压绕组经开关 S1 并联后，再由开关 S2 接负载电阻 R_L。R_L 选用 MEL-04 的 180Ω 阻值。为了人为地改变变压器 TⅡ 的阻抗电压，在变压器 TⅡ 的二次侧串入电抗 X_L（或电阻 R），X_L 选用 MEL-08。

（2）检查变比和联结组：

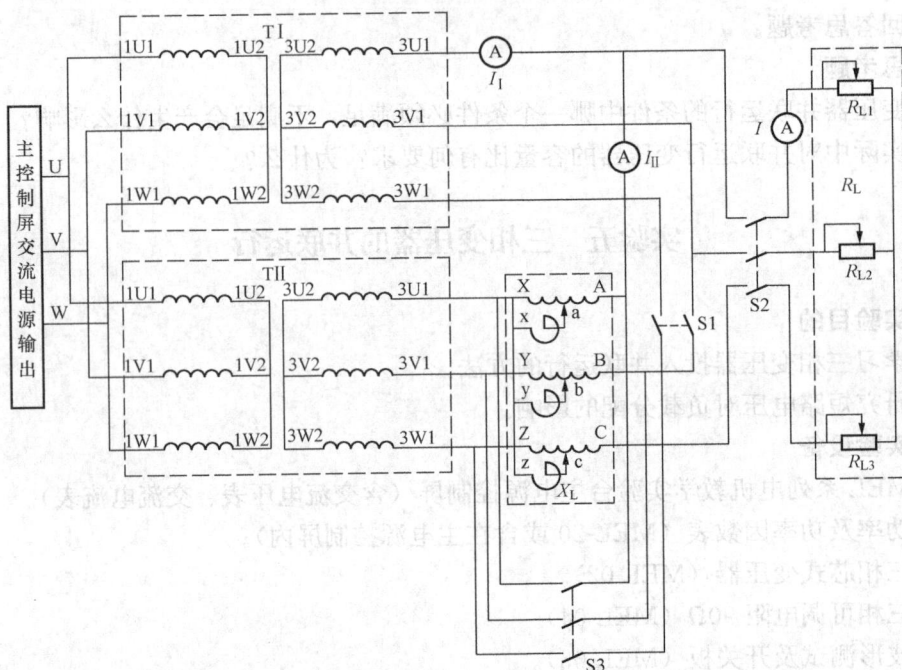

图 2-15　三相变压器并联运行实验接线图

1）接通电源前，先打开 S1、S2，合上 S3。

2）接通电源，调节变压器输入电压至额定电压。

3）测出变压器二次侧电压，若电压相等，则变比相同，测出二次侧对应相的两端点间的电压，若电压均为零，则联结组相同。

（3）投入并联运行。在满足变比相等和联结组相同的条件后，合上开关 S1，即投入并联运行。

2. 短路电压相等的两台三相变压器并联运行

（1）投入并联后，合上负载开关 S2。

（2）在保持 $U_1 = U_{1N}$ 不变的条件下，逐次增加负载电流，直至其中一台输出电流达到额定值为止，测取 I、I_I、I_{II}，共取 5～6 组数据，记录于表 2-16 中。

3. 短路电压不相等的两台三相变压器并联运行

打开短路开关 S3，在变压器 T II 的二次侧串入电抗 X（或电阻 R），X 的数值可根据需要调节。重复前面实验，测取 I、I_I、I_{II}，共取 5～6 组数据，记录于表 2-17 中。

表 2-16　　短路电压相等时的负载电流分配数据

序　号	I_I(A)	I_{II}(A)	I(A)
1			
2			
3			
4			
5			
6			

表 2-17　　短路电压不相等时的负载电流分配数据

序　号	I_I(A)	I_{II}(A)	I(A)
1			
2			
3			
4			
5			
6			

六、实验注意事项

（1）注意选用的 R_L 和 X_L（或 R）的允许电流应大于实验时实际流过的电流。

（2）测量负载电流分配数据时，只要有一台变压器的输出电流达到额定值就不能再增加负载电流。

七、实验报告要求

（1）根据表 2-16 的实验数据，画出负载分配曲线 $I_I = f(I)$ 及 $I_{II} = f(I)$。

（2）根据表 2-17 的实验数据，画出负载分配曲线 $I_I = f(I)$ 及 $I_{II} = f(I)$。

（3）结合实验结果讨论短路电压对负载分配的影响。

（4）回答思考题。

八、思考题

（1）电压等级相同但联结组别不同的变压器并联后会产生什么后果？

（2）实验内容 3 中，在一台变压器的二次侧串入电抗（或电阻）的作用及依据是什么？

实验六　三相变压器的不对称短路和三次谐波问题的研究

一、实验目的

（1）研究三相变压器的不对称短路。

（2）分析不同接法和不同铁芯结构的三相变压器在不对称情况下的区别。

（3）掌握测定三相变压器零序阻抗的方法。

（4）研究三相变压器的三次谐波电动势。

（5）观察、分析三相变压器在不同接法和不同铁芯结构时的空载电流和电动势的波形。

二、实验设备

（1）MEL 系列电机教学实验台主电源控制屏（含交流电压表、交流电流表）。

（2）三相组式变压器（MEL-01）。

（3）三相芯式变压器（MEL-02）。

（4）波形测试及开关板（MEL-05）。

（5）示波器（自配）。

三、预习要点

（1）对称分量法。

（2）变压器的各序阻抗及其等效电路。

（3）零序电流与三次谐波电流的共同之处及区别？它们与绕组连接方式及铁芯结构有何关系，会对变压器的哪些参数或电量产生影响？

四、实验原理

1. 对称分量法

对称分量法是分析三相不对称运行的一种方法。它将一个不对称的三相系统分解为三个对称的三相系统，即正序、负序和零序系统；再分别利用对应的正序、负序和零序等效电路计算出待求电量的各序分量；最后将各序分量叠加即可得到待求电量。

2. 变压器的各序阻抗及其等效电路

三相负序电流与三相正序电流类似，在相位上都互差 120°，只是一个为正，一个为负。

因此，无论变压器的绕组如何连接，这两者的电流均能在变压器中流通，同时无论变压器的铁芯结构如何，两者激励的磁通均能在铁芯中流通闭合（忽略磁饱和影响）。这样，变压器对两者的反映是一样的，所以变压器的负序阻抗与正序阻抗是相同的。

变压器的零序阻抗和正序、负序阻抗是很不相同的。三相零序电流与三次谐波电流相似，在相位上是相同的。因此，零序电流能否在变压器中流通与绕组连接方式有关。零序电流激励的零序磁通能否在铁芯中流通闭合将视铁芯结构而定。因此，变压器的零序阻抗及零序等效电路将随绕组接线方式和铁芯结构的不同而有所不同。

3. 变压器零序阻抗的测定

在变压器的一侧（将出现不对称短路的一侧）施加一组大小、频率及相位相同的三相对称电压作为零序电压（电源电压），通过测定该电压的相值及在该电压作用下变压器同侧电流的相值即可计算出变压器的零序阻抗。

4. 空载电流与电动势波形

要感应出正弦波的电动势需要有正弦波的磁通。考虑到变压器铁芯的饱和性，要激励出正弦波的磁通需要尖顶波的电流，即电流中需含三次谐波分量。当绕组的连接方式使得三次谐波电流不能流通时，将激励出平顶波的磁通，即磁通中含有三次谐波分量。当铁芯结构可以使三次谐波分量的磁通在铁芯中流通闭合时，将会感应出尖顶波的电动势（电动势中含三次谐波分量），反之才会是正弦波的电动势。因此，三相变压器在不同接法和不同铁芯结构时的空载电流和电动势的波形将是不同的。

五、实验内容

（1）Yyn 连接单相短路。分三相芯式变压器和三相组式变压器两种情况。

（2）Yy 连接两相短路。分三相芯式变压器和三相组式变压器两种情况。

（3）Yyn 连接变压器零序阻抗的测定。

（4）三相变压器不同接法（YNy、Yy、Yd）对三次谐波电动势的影响。

六、实验注意事项

（1）实验时应注意电源电压大小的合理选用以保证设备的安全，同时应注意仪表量程的合理选取。

（2）接线完成后，需经指导教师检查后，方可通电进行实验。

七、实验报告要求

（1）根据实验题目选择本实验所需设备（包括名称、规格）和仪表（含类型和量程）。

（2）根据实验目的及内容，确定实验方案、步骤，并设计实验接线图，列出实验数据表格。

（3）讨论采用该实验方案的原因，并对实验结果进行分析。

（4）存在的问题及改进设想。

（5）回答思考题。

八、思考题

（1）不同接法和不同铁芯结构的三相变压器在不对称情况下有何区别，并分析原因。

（2）讨论实验中所观察到的不同接线形式下，变压器的空载电流和电动势的波形有何不同，并说明原因。

第三章 异 步 电 机

实验一 三相鼠笼式异步电动机的工作特性

一、实验目的

(1) 掌握三相异步电动机的空载、堵转和负载试验的方法。

(2) 用直接负载法测取三相鼠笼式异步电动机的工作特性。

(3) 测定三相鼠笼式异步电动机的参数。

二、实验设备

(1) MEL 系列电机教学实验台主电源控制屏。

(2) 电机导轨及测功机、矩矩转速测量 (MEL-13、MEL-14)。

(3) 功率表、功率因数表 (MEL-20 或 MEL-24 或含在实验台主电源控制屏上)。

(4) 直流电压、直流毫安表、直流电流表 (MEL-06 或含在实验台主电源控制屏上)。

(5) 三相可调电阻器 900Ω (MEL-03)。

(6) 波形测试及开关板 (MEL-05)。

(7) 三相鼠笼式异步电动机 (M04)。

三、预习要点

(1) 异步电动机的工作特性指哪些特性?

(2) 异步电动机的等效电路有哪些参数? 它们的物理意义是什么?

(3) 工作特性和参数的测定方法。

四、实验原理

1. 判定定子绕组的首末端

当两绕组首末端相接进行串联时,所通入的交流电流大小相等,对同名端方向相同,两者合成在空间产生的磁场将在第三绕组中产生电动势。当两绕组末末端 (或首首端) 相接进行串联时,所通入的交流电流大小相等,对同名端方向相反,两者合成在空间产生的磁场很小,在第三绕组中产生的电动势近似为零。

2. 空载与堵转实验

三相异步电动机在空载与堵转情况下的等值电路与变压器在空载和短路运行状态下的等值电路模型非常相似,因此与变压器的实验原理相同,利用空载与堵转实验可以得到异步电动机等效电路中的参数。

3. 异步电动机的工作特性

异步电动机的工作特性是指在外施电源电压为三相对称额定电压,频率保持不变的条件下,其转速 n、输出转矩 T_2、定子电流 I_1、定子功率因数 $\cos\varphi_1$、效率 η 等与输出功率 P_2 之间的关系曲线。在正常运行范围内,异步电动机转速变化非常小,通常额定负载时的转差率只有 $2\%\sim5\%$。因此,可认为机械角速度 Ω 近似不变,则 T_2 与 P_2 近似成正比。空载时定子电流基本上是励磁电流,所以定子电流及定子功率因数都很小。负载后,随输出机械功率的增加,定子电流中的有功分量增大,这时定子电流及定子功率因数都增大。但负载增加到一定程度，由于转差率增大导致转子功率因数角加大，这样转子电流与定子电流中的无功分量随之增大，使得定子功率因数又趋减小。

4. 异步电动机的损耗及计算

异步电动机的损耗包括定子铜损、转子铜损、铁损、机械损耗和杂散损耗。异步电动机空载时的输入功率 P_0 扣除定子铜损后的值 P_0' 为其铁损和机械损耗之和。利用空载特性曲线 $P_0 = f(U_0)$ 可作出曲线 $P_0' = f(U_0)$，利用 U_0 为零时铁损不存在的特点在该曲线上可将铁损和机械损耗分离。杂散损耗通常取为额定负载时输入功率的 0.5%。定子铜损可利用定子电流与定子电阻求得，转子铜损可通过电磁功率与转差率进行计算，所用定子电流与转差率可通过电机工作特性曲线查得。

五、实验内容

1. 测量定子绕组的冷态直流电阻

实验前，先将电机在室内放置一段时间，用温度计测量电机绕组端部或铁芯的温度。当所测温度与冷态介质温度之差不超过 2℃时，即为实际冷态。记录此时的温度并测量定子绕组的直流电阻，此阻值即为冷态直流电阻。

(1) 伏安法：

1) 实验接线见图 3-1。S1、S2 为双刀双掷和单刀双掷开关，位于 MEL-05。R 采用四只 900Ω 和 900Ω 电阻相串联（MEL-03）。仪表为直流毫安表和直流电压表（或采用 MEL-06）。

2) 实验开始前，合上开关 S1，断开开关 S2，调节电阻 R 至最大（3600Ω）。

3) 分别合上绿色"闭合"按钮开关和 220V 直流可调电源的船形开关，按下复位按钮，调节直流可调电源及可调电阻 R，使试验电机电流不超过电机额定电流的 10%，以防止因试验电流过大而引起绕组的温度上升，然后读取电流值。

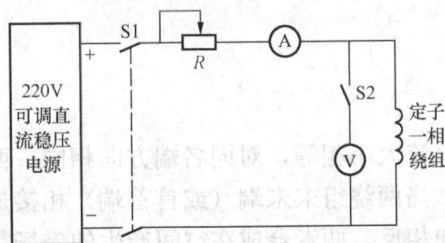

图 3-1　三相交流绕组电阻测定实验接线图

4) 再接通开关 S2 读取电压值。读完后，先打开开关 S2，再打开开关 S1。

5) 调节 R 使电流表分别为 50、40、30mA，测取三次，取其平均值，测量定子三相绕组的电阻值，记录于表 3-1 中。

表 3-1　　伏安法测量鼠笼式异步电动机定子冷态直流电阻数据（室温　　　℃）

测量值	U 相绕组			V 相绕组			W 相绕组		
I(mA)									
U(V)									
R(Ω)									

(2) 电桥法（选做）：

用单臂电桥测量电阻时，应先将刻度盘旋到电桥能大致平衡的位置，然后按下电池按钮，接通电源，等电桥中的电源达到稳定后，方可按下检流计按钮接入检流计。测量完毕后，应先断开检流计，再断开电源，以免检流计受到冲击。记录数据于表 3-2 中。

表 3 - 2 **电桥法测量鼠笼式异步电动机定子冷态直流电阻数据（室温　　℃）**

测量值	U 相绕组	V 相绕组	W 相绕组
$R(\Omega)$			

电桥法测定绕组直流电阻的准确度及灵敏度都较高，并具有直接读数的优点。

2. 判定定子绕组的首末端

先用万用表测出各相绕组的两个线端，将其中的任意两相绕组串联，如图 3-2 所示。
再将调压器调压旋钮退至零位，
合上绿色"闭合"按钮开关，
接通交流电源，调节交流电源，
在绕组端施以单相低电压 $U=$
80～100V，注意电流不应超过
额定值，测出第三相绕组的电
压，如测得的电压有一定读数，
表示两相绕组为末端与首端相
连，如图 3 - 2 （a）所示；反
之，如测得电压近似为零，则

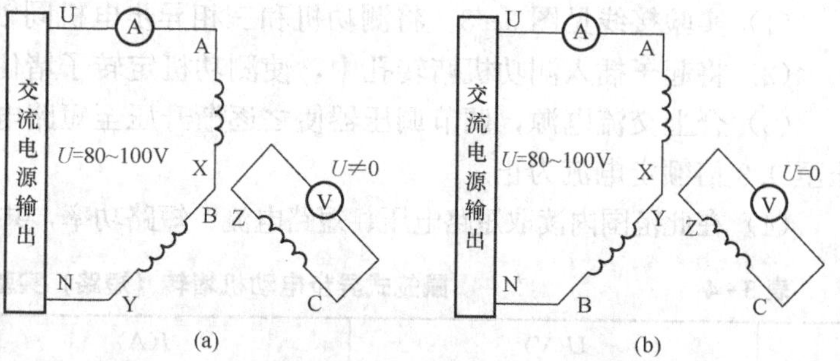

图 3-2　三相交流绕组首末端测定实验接线图
（a）首末端相连；（b）末末端相连

两相绕组为末端与末端（或首端与首端）相连，如图 3-2（b）所示。用同样方法测出第三相绕组的首末端。

3. 空载试验

（1）测量电路如图 3-3 所示。电动机绕组为△接法（$U_N=220$V），且电动机不与测功机同轴连接，即不带测功机。

（2）起动电动机前，把交流电压调节旋钮退至零位，然后接通电源，逐渐升高电压，使电动机起动旋转，观察电动机旋转方向，并使电动机旋转方向符合要求。

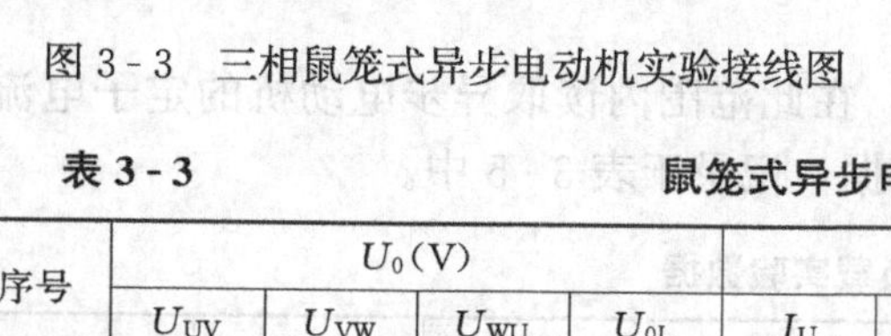

（3）保持电动机在额定电压下空载运行数分钟，使机械损耗达到稳定后再进行试验。

（4）调节电压由 1.2 倍额定电压开始逐渐降低，直至电流或功率显著增大为止。在这个范围内读取空载电压、空载电流及空载功率。

（5）在测取空载实验数据时，在额定电压附近多测几点，共取数据 5～6 组记录于表 3-3 中。

图 3-3　三相鼠笼式异步电动机实验接线图

表 3 - 3 **鼠笼式异步电动机空载实验数据**

序号	U_0(V)				I_0(A)				P(W)			$\cos\varphi$
	U_{UV}	U_{VW}	U_{WU}	U_{0L}	I_U	I_V	I_W	I_{0L}	P_{I}	P_{II}	P_0	
1												
2												
3												
4												

续表

序号	U_0(V)				I_0(A)				P(W)			$\cos\varphi$
	U_{UV}	U_{VW}	U_{WU}	U_{0L}	I_U	I_V	I_W	I_{0L}	P_I	P_{II}	P_0	
5												
6												

注　$U_{0L}=(U_{UV}+U_{VW}+U_{WU})/3$，$I_{0L}=(I_U+I_V+I_W)/3$。

4. 堵转（短路）实验

（1）实验接线见图 3-3。将测功机和三相异步电机同轴连接。

（2）将起子插入测功机堵转孔中，使测功机定转子堵住。将三相调压器退至零位。

（3）合上交流电源，调节调压器使之逐渐升压至短路电流到 1.2 倍额定电流，再逐渐降压至 0.3 倍额定电流为止。

（4）在此范围内读取短路电压、短路电流、短路功率，共取 6～7 组数据，填入表 3-4 中。

表 3-4　　　　　　　　　　鼠笼式异步电动机堵转（短路）实验数据

序号	U(V)				I(A)				P(W)			$\cos\varphi$
	U_{UV}	U_{VW}	U_{WU}	U_k	I_U	I_V	I_W	I_k	P_I	P_{II}	P_k	
1												
2												
3												
4												
5												
6												
7												

注　$U_k=(U_{UV}+U_{VW}+U_{WU})/3$，$I_k=(I_U+I_V+I_W)/3$。

5. 负载实验

（1）选用设备和测量接线同空载试验。实验开始前，将 MEL-13 中的"转速控制"和"转矩控制"选择开关扳向"转矩控制"，"转矩设定"旋钮逆时针到底。

（2）合上交流电源，调节调压器使之逐渐升压至额定电压，并在试验中保持此额定电压不变。

（3）调节测功机"转矩设定"旋钮使之加载，使异步电动机的定子电流逐渐上升，直至电流上升到 1.25 倍额定电流。

（4）从此负载开始，逐渐减小负载直至空载，在此范围内读取异步电动机的定子电流、输入功率，转速和转矩等数据，共读取 6～7 组数据，记录于表 3-5 中。

表 3-5　　　　　　　　　　鼠笼式异步电动机负载实验数据

序号	I(A)				P(W)			T_2(N·m)	n(r/min)
	I_U	I_V	I_W	I_1	P_I	P_{II}	P_1		
1									
2									

续表

序号	I(A)				P(W)			T_2(N·m)	n(r/min)
	I_U	I_V	I_W	I_1	P_I	P_{II}	P_1		
3									
4									
5									
6									
7									

六、实验注意事项

（1）用伏安法测量定子冷态直流电阻实验中，进行量程选择时考虑到通过的测量电流约为电机额定电流的 10%，即为 50mA，因而直流毫安表的量程用 200mA 档。三相鼠笼式异步电动机定子一相绕组的电阻约为 50Ω，因而当流过的电流为 50mA 时端电压约为 2.5V，所以直流电压表量程用 20V 档。

（2）在用伏安法测量定子冷态直流电阻时，电动机的转子需静止不动，且测量通电时间不应超过 1min。

（3）完成堵转实验后，注意取出测功机堵转孔中的起子。

七、实验报告要求

（1）将实验直接测得的室温下的定子绕组冷态电阻值换算到基准工作温度时的值。

（2）由实验数据绘制空载特性曲线 $I_0 = f(U_0)$、$P_0 = f(U_0)$ 和 $\cos\varphi_0 = f(U_0)$。

（3）由实验数据绘制短路特性曲线 $I_k = f(U_k)$ 和 $P_k = f(U_k)$。

（4）由空载及短路实验数据求取异步电机等效电路的参数。

（5）由负载实验数据计算工作特性，填入表 3-6 中，绘制工作特性曲线 $T_2 = f(P_2)$、$I_1 = f(P_2)$、$n = f(P_2)$、$\eta = f(P_2)$、$s = f(P_2)$ 和 $\cos\varphi_1 = f(P_2)$。

表 3-6　　　　　　　　　鼠笼式异步电动机工作特性计算数据计算

序　号	电动机输入		电动机输出			计　算　值		
	I_1(A)	P_1(W)	T_2(N·m)	n(r/min)	P_2(W)	s(%)	η(%)	$\cos\varphi_1$
1								
2								
3								
4								
5								
6								

表 3-6 中各计算量的计算公式为：$I_1 = (I_A + I_B + I_C)/3\sqrt{3}$，$s = [(1500 - n)/1500] \times 100\%$，$\cos\varphi_1 = P_1/3U_1I_1$，$P_2 = 0.105nT_2$，$\eta = (P_2/P_1) \times 100\%$。

（6）由损耗分析法求额定负载时的效率。

八、思考题

（1）由空载、短路试验数据求取异步电机的等效电路参数时，有哪些因素会引起误差？

（2）由直接负载法测得的电机效率和用损耗分析法求得的电机效率，各有哪些因素会引起误差？

（3）异步电动机与变压器都是利用空载实验来求取铁芯损耗，说明两者有何不同。

（4）从理论上解释实验所获得的异步电机工作特性的特点。

实验二　三相异步电动机的起动与调速

一、实验目的
（1）通过实验掌握异步电动机的起动和调速的方法。
（2）了解异步电动机不同起动方法的优缺点。

二、实验设备
（1）MEL 系列电机系统教学实验台主电源控制屏（含交流电压表）。
（2）指针式交流电流表，详见附录中仪表屏的相关内容。
（3）电机导轨及测功机、转矩转速测量（MEL-13、MEL-14）。
（4）电机起动箱（MEL-09）。
（5）三相鼠笼式异步电动机（M04）。
（6）三相绕线式异步电动机（M09）。

三、预习要点
（1）表征异步电动机起动性能的技术指标是什么？
（2）异步电动机的起动方法及其提高起动性能的原理。
（3）异步电动机的调速方法及调速原理。

四、实验原理
1. 三相鼠笼式异步电动机的起动

在起动瞬间降低施加在异步电动机定子上的电压是降低鼠笼式电动机起动电流的主要方法。

（1）星形/三角形（Y/△）换接起动。此种方法适用于正常运行时定子为三角形接法的电动机。起动瞬间，在电源电压不变的情况下，通过改变定子绕组为星形接法使加在定子每相上的电压降低为直接起动（△接法）时的 $1/\sqrt{3}$。

（2）自耦变压器起动。起动瞬间，在电源与电动机之间接入自耦变压器，使电动机定子每相电压为电源相电压的 $1/K_a$，K_a 为自耦变压器的变比。

2. 三相绕线式异步电动机的起动

降低起动瞬间的电源电压虽然可以降低起动电流，但同时起动转矩也被降低。绕线式异步电动机的转子回路可以外接电阻，通过起动时在转子回路串接电阻可减小转子电流，则此时定子中的起动电流随之减小，同时起动转矩因转子电阻的增大也得以提高。

3. 三相绕线式异步电动机的调速

改变运行中的绕线式异步电动机的转子电阻可以改变其转差率，从而达到调速的目的。

五、实验内容
1. 三相鼠笼式异步电动机直接起动

（1）按图 3-4 接线。电动机绕组为△接法。

（2）起动前，把转矩转速测量实验箱（MEL-13）中"转矩设定"电位器旋钮逆时针调到底，"转速控制"、"转矩控制"选择开关扳向"转矩控制"，检查电机导轨和 MEL-13 的连接是否良好。

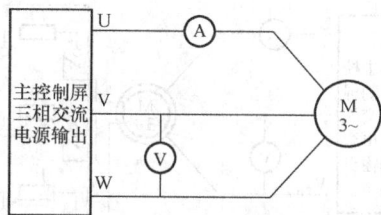

图 3-4　三相鼠笼式异步电动机
直接起动实验接线图

（3）把三相交流电源调节旋钮逆时针调到底，合上绿色"闭合"按钮开关。调节调压器，使输出电压达电动机额定电压 220V，使电动机起动旋转（电动机起动后，观察 MEL-13 中的转速表，如出现电动机转向不符合要求，则须切断电源，调整次序，再重新起动电机）。

（4）断开三相交流电源，待电动机完全停止旋转后，接通三相交流电源，使电动机全压起动，观察并记录电动机起动瞬间电流值。

2. 三相鼠笼式异步电动机星形/三角形（Y/△）起动

（1）按图 3-5 接线。电压表、电流表的选择同前。开关 S 选用 MEL-05。

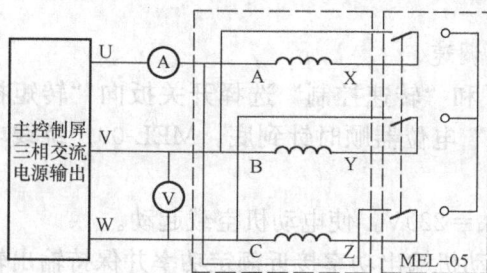

图 3-5　三相鼠笼式异步电动机
Y/△起动实验接线图

（2）起动前，把三相调压器退到零位，三刀双掷开关合向右边（Y 接法）。合上电源开关，逐渐调节调压器，使输出电压升高至电机额定电压 $U_N = 220V$，断开电源开关，待电动机停转。

（3）待电动机完全停转后，合上电源开关，观察起动瞬间的电流，然后把 S 合向左边（△接法），电动机进入正常运行，整个起动过程结束。观察并记录起动瞬间电流表的显示值以与其他起动方法作定性比较。

3. 三相鼠笼式异步电动机自耦变压器降压起动

（1）仍按图 3-4 接线。电动机绕组为 △接法。把调压器退到零位。

（2）合上电源开关，调节调压器旋钮，使输出电压达 110V，断开电源开关，待电动机停转。

（3）待电动机完全停转后，再合上电源开关，使电动机就自耦变压器降压起动，观察并记录电流表的瞬间读数值。经一定时间后，调节调压器使电动机输出电压达到额定电压 $U_N = 220V$，整个起动过程结束。

将上述三相鼠笼异步电动机起动的两种方法对应的起动电流记于表 3-7 中。

表 3-7　　三相鼠笼式异步电动机起动电流数据

起动方式	直接起动	Y/△起动	自耦变压器降压起动
I_{st} (A)			

4. 绕线式异步电动机转子绕组串入可变电阻器起动

（1）实验线路如图 3-6 所示。电机定子绕组 Y 形接法。转子串入的电阻由刷形开关来调节，调节电阻采用 MEL-09 的绕线电机起动电阻（分 0，2，5，15，∞五档）。MEL-13 中"转矩控制"和"转速控制"开关扳向"转速控制"，"转速设定"电位器旋钮顺时针调节到底。

（2）起动电源前，把调压器退至零位，起动电阻调节为零。

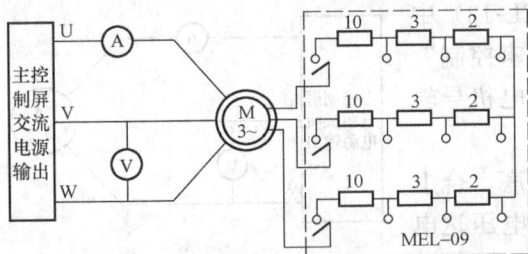

图 3 - 6　绕线式异步电动机转子绕组
串电阻起动实验接线图

（3）合上交流电源，调节交流电源使电动机起动。注意电动机转向是否符合要求。

（4）在定子电压为 180V 时，逆时针调节"转速设定"电位器到底，绕线式电动机转动缓慢（每分钟只有几十转），读取此时的转矩值 T_{st} 和 I_{st}。

（5）用刷形开关切换起动电阻，分别读出起动电阻为 2、5、15Ω 的起动转矩 T_{st} 和起动电流 I_{st}，填入表 3 - 8 中。

表 3 - 8　　　　　　转子回路串接电阻起动实验数据

$R_{st}(\Omega)$	0	2	5	15
$T_{st}(N \cdot m)$				
$I_{st}(A)$				

5. 绕线式异步电动机转子绕组串入可变电阻器调速

（1）实验线路同前。MEL-13 中"转矩控制"和"转速控制"选择开关扳向"转矩控制"，"转矩设定"电位器逆时针到底，"转速设定"电位器顺时针到底。MEL-09"绕线电动机起动电阻"调节到零。

（2）合上电源开关，调节调压器输出电压至 $U_N = 220V$，使电动机空载起动。

（3）调节"转矩设定"电位器调节旋钮，使电动机输出功率接近额定功率并保持输出转矩 T_2 不变，改变转子附加电阻，分别测出对应的转速，记录于表 3 - 9 中。

表 3 - 9　　　　　　改变转子电阻调速数据 $(U = 220V, T_2 = $ ____ $N \cdot m)$

$R_{st}(\Omega)$	0	2	5	15
$n(r/min)$				

六、实验注意事项

（1）交流电压表为数字式或指针式均可，交流电流表则为指针式。测量起动电流时按指针式电流表偏转的最大位置所对应的读数值计量。电流表受起动电流冲击，电流表显示的最大值虽不能完全代表起动电流的读数，但利用它可将几种起动方法的起动电流作定性的比较。

（2）进行实验内容 4 时，通电时间不应超过 20s，以免电动机绕组过热。

七、实验报告要求

（1）分析讨论表 3 - 7 中的实验结果。

（2）根据表 3 - 8 中的实验数据讨论绕线式异步电动机转子回路串入电阻对起动电流和起动转矩的影响。

（3）根据表 3 - 9 中的实验数据讨论绕线式异步电动机转子回路串入电阻对电机转速的影响。

（4）回答思考题。

八、思考题

（1）说明异步电动机本身固有的起动性能及其原因。

（2）对比异步电动机不同起动方法的优缺点。

实验三　单相电容起动异步电动机

一、实验目的

（1）了解单相异步电动机的起动方法。

（2）用实验方法测定单相电容起动异步电动机的技术指标和参数。

二、实验设备

（1）MEL系列电机系统教学实验台主电源控制屏。

（2）功率表、功率因数表（MEL-20或MEL-24或含在实验台主电源控制屏上）。

（3）电机导轨及测功机、转矩转速测量（MEL-13、MEL-14）。

（4）三相可调电阻器900Ω（MEL-03）。

（5）单相电容起动异步电动机（M05）。

（6）电机起动电容（35μF）。

三、预习要点

（1）单相电容起动异步电动机的起动原理。

（2）单相电容起动异步电动机有哪些技术指标和参数？

（3）这些技术指标怎样测定？参数怎样测定？

四、实验原理

1. 电容电动机

单相异步电动机没有起动转矩，必须采取一些特殊方法来帮助起动，电容起动就是其中之一。电容起动的单相异步电动机在定子上增加了一个副绕组，与主绕组并联接到同一电源。副绕组通过串联适当电容使其电流超前于主绕组电流约90°相角，从而在空间产生一近于圆形的旋转磁场，该磁场能产生较大的起动转矩，使电动机旋转起来。待转子转速达到$0.75n_N$时，通过离心开关将副绕组开断，使电动机进入单相运行。

2. 空载及堵转（短路）实验

单相异步电动机的等值电路不同于三相异步电动机，但是在空载与堵转运行状态下的模型仍与变压器在空载与短路状态下的模型类似，因此同样可应用空载及堵转（短路）实验确定电动机模型中的参数。

五、实验内容

1. 分别测量定子主、副绕组的实际冷态电阻

被试电机为单相电容起动异步电动机（M05），其定子主副绕组的实际冷态电阻测量方法见本章实验一。记录当时室温和相关数据于表3-10中。

表3-10　　　　单相异步电动机主、副绕组冷态电阻实验数据（室温　　　　℃）

绕组	主　绕　组			副　绕　组	
I(mA)					
U(V)					
R(Ω)					

2. 空载实验、短路实验、负载实验

(1) 按图 3-7 接线。起动电容为 $35\mu F$，电动机不与测功机同轴连接，不带测功机。

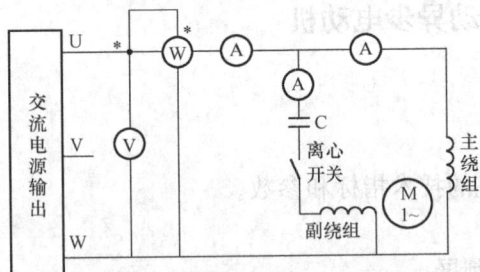
图 3-7 单相电容起动异步电动机实验接线图

(2) 起动电动机前，把交流电压调节旋钮退至零位，然后接通电源，逐渐升高电压，使电动机起动旋转，观察电动机旋转方向。并使电动机旋转方向符合要求。

(3) 保持电动机在额定电压下空载运行 15min，使机械损耗达到稳定后再进行实验。调节调压器让电动机降压空载起动，在额定电压下空载运转使机械损耗达稳定。

(4) 从 1.1 倍额定电压开始逐步降低直至可能达到的最低电压值，即功率和电流出现回升时为止，其间测取 8～9 组数据，记录每组的电压 U_0、电流 I_0、功率 P_0 于表 3-11 中。

表 3-11　　　　　　　　　　　单相异步电动机空载实验数据

序　号	1	2	3	4	5	6	7	8	9
U_0(V)									
I_0(A)									
P_0(W)									

(5) 将测功机和电动机同轴连接。将起子插入测功机堵转孔中，使测功机定转子堵住。将三相调压器退至零位。

(6) 合上交流电源，调节调压器使之逐渐升压至短路电流到 1.2 倍额定电流，再逐渐降压至 0.3 倍额定电流为止。

(7) 在此范围内读取短路电压、短路电流及短路功率等数据 8～9 组记录于表 3-12 中。

表 3-12　　　　　　　　　　单相异步电动机短路（堵转）实验数据

序号	1	2	3	4	5	6	7	8	9
U_k(V)									
I_k(A)									
P_k(W)									

(8) 将 MEL-13 中的"转速控制"和"转矩控制"选择开关扳向"转矩控制"，"转矩设定"旋钮逆时针到底。

(9) 合上交流电源，调节调压器使之逐渐升压至额定电压，并在实验中保持此额定电压不变。

(10) 调节测功机"转矩设定"旋钮使之加载，使电动机在 1.1～0.25 倍额定功率范围内，测取 8～9 组数据，记录定子电流 I_1、输入功率 P_1、转矩 T_2、转速 n 于表 3-13 中。

序　号	1	2	3	4	5	6	7	8	9
$I_1(\text{V})$									
$P_1(\text{W})$									
$T_2(\text{N·m})$									
$n(\text{r/min})$									

表 3-13 单相异步电动机负载实验数据

六、实验注意事项

（1）每次实验前需将调压器退至零位。

（2）短路（堵转）实验后，注意取出测功机堵转孔中的起子并断开电源。

七、实验报告要求

（1）由空载及短路（堵转）实验数据计算出电动机参数。

（2）由负载实验数据计算并作出电动机工作特性：T_2、I_1、η、$\cos\varphi$、s 与 P_2 的关系曲线。

（3）算出电动机的起动技术数据。

（4）回答思考题。

八、思考题

（1）单相异步电动机还可以有哪些起动方法？

（2）电容参数该怎样确定？

实验四　双速异步电动机

一、实验目的

（1）熟悉异步电动机工作特性的实验测定方法。

（2）加深对异步电动机变极调速原理的理解。

二、实验设备

（1）MEL 系列电机系统教学实验台主控制屏。

（2）交流功率、功率因数表（MEL-20 或 MEL-24 或含在实验台主控制屏上）。

（3）电机导轨及测功机、转矩转速测量（MEL-13、MEL-14）。

（4）双速异步电动机（M11）。

（5）波形测试及开关板（MEL-05）。

三、预习要点

（1）异步电动机变极调速的原理。

（2）异步电动机工作特性的测试方法。

四、实验原理

影响异步电动机转速的因素有三个方面，分别是电源频率、转差率和定子绕组的极对数。在恒定的频率下，改变电动机定子绕组的极对数，就可以改变旋转磁场和转子的转速。单绕组双速电机是利用改变定子绕组接法，使每相绕组的两组线圈中有一组电流反向流通，从而使一套定子绕组具备两种极对数而得到两个同步转速。

五、实验内容

1. 四极异步电动机时的工作特性测试

(1) 按图3-8接线。被试电动机为三相双速异步电动机 M11。

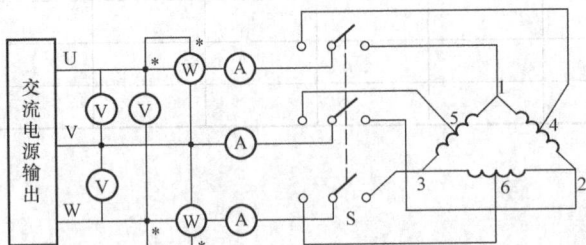

图3-8　双速异步电动机实验接线图

(2) 把电流表短接,功率表电流线圈短接。

(3) 把开关 S 合向右边,使电动机为△接法(四极电动机)。

(4) 调节调压器,使输出电压为电动机额定电压220V,并保持恒定。把电流表、功率表的短接线拆掉,给电机施加负载,使异步电动机定子电流逐渐上升到1.25倍额定电流。从此负载开始,逐渐减小负载直至空载,在这范围内读取异步电动机的定子电流、输入功率、转速和转矩数据共8~9组数据,记录于表3-14中。

表3-14　　　　　　　　　四极异步电动机工作特性实验数据

序　号	1	2	3	4	5	6	7	8	9
$I(V)$									
$P_1(W)$									
$T_2(N \cdot m)$									
$n(r/min)$									

2. 二极异步电动机时的工作特性测试

仍把电流表短接,功率表电流线圈短接,把开关 S 合向左边并把右边三端点用导线短接。使电动机空载起动,保持输入电压为额定电压,此时把电流表、功率表的短接线拆掉。给电动机施加负载,步骤与实验内容1中第(3)项相同,测取电动机工作特性,实验数据记录于表3-15中。

表3-15　　　　　　　　　二极异步电动机工作特性实验数据

序　号	1	2	3	4	5	6	7	8	9
$I(V)$									
$P_1(W)$									
$T_2(N \cdot m)$									
$n(r/min)$									

六、实验注意事项

(1) 起动前先将电流表及功率表电流线圈短接,起动后再将短接线拆掉。

(2) 测取工作特性数据时应保持输入电压为额定值。

七、实验报告要求

(1) 利用实验数据分别作出异步电动机二极和四极运行时的工作特性曲线。

(2) 对比两种情况下的工作特性曲线,讨论通过改变磁极对数是否实现了调速的目的。

八、思考题

（1）做实验时三只电流表的读数是否相同？有差别时是什么原因造成的？

（2）对异步电动机变极调速性能加以评价。

实验五 三相异步电动机机械特性曲线的测绘

一、实验目的

（1）利用电机教学实验台的测功机转速闭环功能测绘三相异步电动机的机械特性曲线。

（2）掌握三相异步电动机机械特性曲线的形状及特点。

（3）了解转子电阻对机械特性曲线的影响。

二、实验设备

（1）MEL 系列电机系统教学实验台主电源控制屏。

（2）电机导轨及测功机、转矩转速测量（MEL-13、MEL-14）。

（3）电机起动箱（MEL-09）。

（4）三相鼠笼式异步电动机（M04）。

（5）三相绕线式异步电动机（M09）。

三、预习要点

（1）三相异步电动机机械特性曲线的形状及由来。

（2）机械特性曲线的测试方法。

（3）转子电阻对机械特性曲线的影响。

（4）三相异步电动机稳定运行的区间。

四、实验原理

三相异步电动机电磁转矩 T 随转差率 s 的变化关系称作三相异步电动机的机械特性。在某一转差率 s_c 时，转矩有一最大值 T_m，称为三相异步电机的最大转矩，s_c 称为临界转差率。T_m 是三相异步电动机可能产生的最大转矩。如果负载转矩 $T_z > T_m$，电动机将承担不了而停转。起动转矩 T_{st} 是三相异步电动机接至电源开始起动时的电磁转矩，此时 $s=1$（$n=0$）。对于绕线式异步电动机，转子绕组串联附加电阻，便能改变 T_{st}，从而可改变起动特性。

三相异步电动机的机械特性可视为两部分组成，即当负载功率转矩 $T_z \leq T_N$ 时，机械特性近似为直线，称为机械特性的直线部分，又可称为工作部分，因电动机不论带何种负载均能稳定运行；当 $s \geq s_c$ 时，机械特性为一曲线，称为机械特性的曲线部分。对恒转矩负载或恒功率负载而言，因为三相异步电动机曲线部分特性与这类负载转矩特性的配合，使电机不能稳定运行；而对于通风机负载，则在这一特性段上却能稳定工作。

在本实验系统中，通过对电机的转速进行检测，动态调节施加于电机的转矩，产生随着电机转速的下降，转矩随之下降的负载，使电机稳定地运行了机械特性的曲线部分。通过读取不同转速下的转矩，可描绘出不同电机的机械特性曲线。

五、实验内容

1. 鼠笼式异步电动机的机械特性曲线

（1）按图 3-9 接线。被试电机为三相鼠笼式异步电动机（M04），Y 接法。G 为涡流测

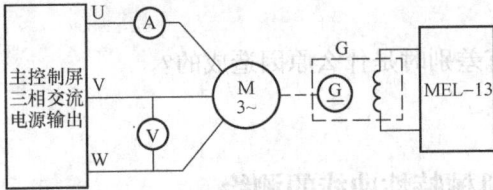

图 3-9　三相鼠笼式异步电动机机械
特性曲线测定实验接线图

功机，与被试电机同轴安装。电压表采用指针式或数字式均可，量程选用 300V 档。电流表采用数字式，可选 0.75A 量程档。

（2）起动电动机前，将三相调压器旋钮逆时针调到底，并将 MEL-13 中"转矩控制"和"转速控制"选择开关扳向"转速控制"，并将"转速设定"调节旋钮顺时针调到底。

（3）按下绿色"闭合"按钮开关，调节交流电源输出调节旋钮，使电压输出为 220V，起动电动机。观察电动机的旋转方向，使之符合要求。

（4）逆时针缓慢调节"转速设定"电位器经过一段时间的延时后，M04 电动机的负载将随之增加，其转速下降，继续调节该电位器旋钮，电动机由空载逐渐下降到 200r/min 左右。

（5）在空载转速至 200r/min 范围内，测取 8～9 组数据，其中在最大转矩附近多测几点，填入表 3-16 中。

表 3-16　　　　三相鼠笼式异步电动机机械特性曲线实验数据

序　号	1	2	3	4	5	6	7	8	9
$n(r/min)$									
$T(N \cdot m)$									

（6）当电机转速下降到 200r/min 时，顺时针回调"转速设定"旋钮，转速开始上升，直到升到空载转速为止，在这范围内，读出 8～9 组异步电机的转矩 T，转速 n，填入表 3-17 中。

表 3-17　　　　三相鼠笼式异步电动机机械特性曲线实验数据

序　号	1	2	3	4	5	6	7	8	9
$n(r/min)$									
$T(N \cdot m)$									

2. 三相绕线式异步电动机的机械特性曲线

（1）按图 3-10 接线。被试电机采用三相绕线式异步电动机（M09），Y 接法。电压表和电流表的选择同实验内容 1。转子调节电阻采用 MEL-09 的绕线式电动机起动电阻。MEL-13 的开关和旋钮的设置同前，调压器退至零位。

（2）绕线式电动机的转子调节电阻调到零（三只旋钮顺时针到底），顺时针调节调压器旋钮，使电压升至 180V，电动机开始起动至空载转速。逆时针调节"转速设定"旋钮，M09 的负载随之增加，电动机转速开始下降。继续逆时针调节该旋钮，电动机转速下降至 200r/min 左右。在空载转速至 200r/min 范围时，读取 8～9 组绕线式电动机转矩 T、转速 n 记

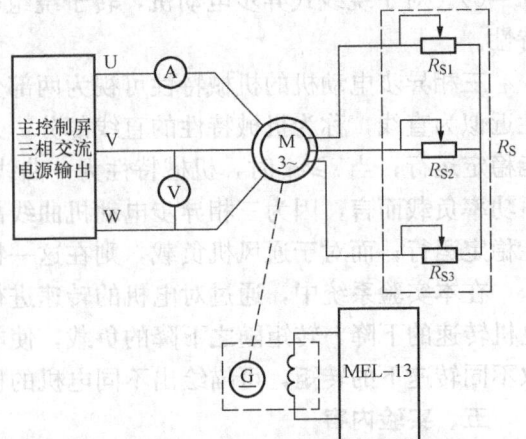

图 3-10　三相绕线式异步电动机机械
特性曲线测定实验接线图

录于表 3 - 18 中。

表 3 - 18 　　三相绕线式异步电动机机械特性曲线实验数据 （$R_S = 0\Omega$）

序　号	1	2	3	4	5	6	7	8	9
$n(r/min)$									
$T(N \cdot m)$									

（3）绕线式电动机的转子调节电阻调到 2Ω，重复以上步骤，记录相关数据填入表 3 - 19 中。

表 3 - 19 　　三相绕线式异步电动机机械特性曲线实验数据 （$R_S = 2\Omega$）

序　号	1	2	3	4	5	6	7	8	9
$n(r/min)$									
$T(N \cdot m)$									

（4）绕线式电动机的转子调节电阻调到 5Ω，重复以上步骤，记录相关数据填入表 3 - 20 中。

表 3 - 20 　　三相绕线式异步电动机机械特性曲线实验数据 （$R_S = 5\Omega$）

序　号	1	2	3	4	5	6	7	8	9
$n(r/min)$									
$T(N \cdot m)$									

六、实验注意事项

（1）实验内容 1 中转速调节不应低于 200r/min，以免造成电机转速不稳定。

（2）调节"转速设定"电位器后，不会立刻看到转速的变化，需经过一段时间的延时。

七、实验报告要求

（1）在坐标纸上，逐点绘出电机的转矩、转速，并进行拟合；作出被试电机的机械特性曲线，看是否与理论推导得来的变化规律一致。

（2）根据曲线讨论转子电阻对起动转矩、最大电磁转矩和临界转差率的影响。

八、思考题

（1）三相异步电动机的降速特性和升速特性曲线不重合的原因何在？

（2）说明三相异步电动机的稳定运行区间及转子电阻对稳定运行区间的影响。

实验六　三相异步电动机的制动

一、实验目的

（1）了解三相异步电动机的制动方式。

（2）了解三相绕线式异步电动机在制动状态下的机械特性。

二、实验设备

（1）MEL 系列电机系统教学实验台主电源控制屏。

(2) 电机导轨及测功机，转矩转速测量（MEL-13、MEL-14）。

(3) 直流电动机（M03）。

(4) 三相绕线式异步电动机（M09）。

(5) 三相可调电阻器 900Ω(MEL-03)。

(6) 三相可调电阻器 90Ω(MEL-04)。

(7) 波形测试及开关板（MEL-05）。

三、预习要点

(1) 三相异步电动机的制动方式有哪些?

(2) 三相异步电动机在制动状态下机械特性曲线的形状及特点。

四、实验原理

三相异步电动机与直流电动机一样，也有再生回馈制动、反接制动和能耗制动三种方式。它们的共同点是电动机的转矩 T 与转速 n 的方向相反，以实现制动，此时电动机由轴上吸收机械能，并转换成电能。

1. 再生回馈制动

再生回馈制动是指在外加转矩的作用下，转子转速超过同步转速，电磁转矩改变方向成为制动转矩的一种运行状态。当三相异步电动机由于某种原因，如位能性负载的作用，使其转速高于同步速，则转差率 $s<0$，转子感应电动势 $sE_2<0$ 反向，转子电流的有功分量 $I_2'\cos\varphi_2$ 反向，而转子电流的无功分量方向不变，由此使得定子电流也相应改变，定子侧的电流由滞后于电压变为超前于电压。此时定子功率为负，即定子绕组将电能回馈电网。同时转差率 $s<0$，电磁转矩 $T_{em}<0$，电磁转矩的方向和转向相反，在转子轴上产生制动转矩。本次实验由一台直流电动机拖动三相异步电动机使其转速高于同步速。

2. 反接制动

转速反向的反接制动是指三相异步电动机带位能性负载，其起动转矩的方向与重物产生的负载转矩相反，而且 $T_{st}<T_z$，在重物的作用下，迫使电动机反起动转矩的方向旋转，并在重物下降的方向加速，此时转差率大于 1。随着反方向旋转速度的增加，s、I_2 及 T_{em} 均增大，直到转矩增至 $T_{em}=T_z$，此时重物以等速下降，异步电动机转速反向的反接制动机械特性曲线位于第四象限。实验中可用直流电动机与异步电动机反方向旋转，模拟位能性负载。

再生回馈制动与反接制动不同，再生回馈制动不能制动到停止状态。

五、实验内容

(1) 测定三相绕线式异步电动机在再生回馈制动运行状态下的机械特性。

(2) 测定三相绕线式异步电动机在转速反向的反接制动运行状态下的机械特性。

六、实验注意事项

(1) 接线完成后，需经指导教师审查后，方可通电进行实验。

(2) 实验时应注意功率表的连接及直流电压表、电流表的极性，若实验过程中极性相反需调换正负端并注意人身安全。

(3) 调节串并联电阻时，要按电流的大小而相应调节串联或并联电阻，防止电阻器过流引起烧坏熔断器。

七、实验报告要求

(1) 根据实验题目，确定所需的实验设备及仪表（类型及量程）。

（2）设计实验电路、拟定实验步骤并列出实验数据表格。

（3）说明实验中应注意的问题。

（4）根据实验数据绘出三相绕线式异步电动机在两种制动状态下的机械特性曲线，并与电动运行状态下的机械特性进行对比讨论。

八、思考题

（1）再生回馈制动实验中，如何判别三相异步电动机运行在同步转速点？

（2）在实验过程中，为什么电动机电压降到 200V？利用此电压下所得的数据，要获得全压下的机械特性应做如何处理？

第四章 同 步 电 机

实验一 三相同步发电机的运行特性

一、实验目的

(1) 用实验方法测量三相同步发电机在对称负载下的运行特性。

(2) 由实验数据计算三相同步发电机在对称运行时的稳态参数。

二、实验设备

(1) MEL 系列电机系统教学实验台主电源控制屏。

(2) 电机导轨及测功机，转矩转速测量（MEL-13、MEL-14）。

(3) 功率表、功率因数表（在主电源控制屏，或采用单独的组件 MEL-20、MEL-24）。

(4) 同步电机励磁电源（含在主电源控制屏右下方），参见附图 4 及其相关内容。

(5) 三相可调电阻器 900Ω(MEL-03)。

(6) 三相可调电阻器 90Ω(MEL-04)。

(7) 波形测试及开关板（MEL-05）。

(8) 自耦调压器、电抗器（MEL-08），参见附图 8 及其相关内容。

(9) 三相同步发电机（M08）。

(10) 直流并励电动机（M03）。

三、预习要点

(1) 三相同步发电机在对称负载下有哪些基本特性？

(2) 这些基本特性各在什么情况下测得？

(3) 怎样用实验数据计算对称运行时的稳态参数？

四、实验原理

1. 空载特性、短路特性及负载特性

在 $n=n_N$、$I=0$ 的条件下，曲线 $U_0 = f(I_f)$ 称为同步发电机的空载特性。在用实验方法测定同步发电机的空载特性时，由于转子磁路中剩磁情况的不同，当单方向改变励磁电流 I_f 从零到某一最大值，再反过来由此最大值减小到零时，将得到上升和下降的两条不同曲线。两条曲线的出现，反映铁磁材料中的磁滞现象。测定参数时使用下降曲线，其最高点取 U_0 约为 $1.3U_N$，如剩磁电压较高，可延伸曲线的直线部分使与横轴相交，则交点的横坐标绝对值 Δi_{f0} 应作为校正量，在所有试验测得的励磁电流数据上加上此值，即得通过原点之校正曲线。

在 $n=n_N$、$U=0$ 的条件下，曲线 $I_k = f(I_f)$ 称为同步发电机的短路特性。在 $n=n_N$、I 和 $\cos\varphi$ 一定的条件下，曲线 $U = f(I_f)$ 称为同步发电机的负载特性。利用空载特性、短路特性及负载特性可以求取同步电机的主要参数。

2. 外特性及调节特性

在 $n=n_N$，I_f 和 $\cos\varphi$ 为常数的条件下，曲线 $U = f(I)$ 称为同步发电机的外特性。在 $n=n_N$，U 和 $\cos\varphi$ 为常数的条件下，曲线 $I_f = f(I)$ 称为同步发电机的调整特性。外特性及调节特性主要用来反映同步发电机的运行性能。

五、实验内容

1. 测定电枢绕组实际冷态直流电阻

被试电机采用三相凸极式同步电机 M08。其电枢绕组冷态直流电阻的测量与计算方法参见第三章实验一。记录室温，并将测量数据记录于表 4-1 中。

表 4-1   三相同步电机电枢绕组冷态直流电阻实验数据（室温　　　℃）

绕组	绕组 U	绕组 V	绕组 W
I(mA)			
U(V)			
R(Ω)			

2. 空载实验

（1）按图 4-1 接线。直流并励电动机 M 按他励方式连接，拖动三相同步发电机 G 旋转，发电机的定子绕组为 Y 形接法（U_N=220V）。R_f 用 MEL-09 中的 3000Ω 磁场调节电阻。R_{st} 采用 MEL-03 中 90Ω 与 90Ω 电阻相串联，共 180Ω 电阻。R_L 采用 MEL-03 中三相可调电阻。X_L 采用 MEL-08 中三相可变电抗。S1、S2 采用 MEL-05 中的三刀双掷开关。PV1、PA1、PA2 为直流电压、电流、毫安表，安装在主控制屏的右下部。交流电压表、交流电流表、功率表安装在主控制屏上，不同型号的实验台，其仪表数量不同，接法可参见异步电机的接线。

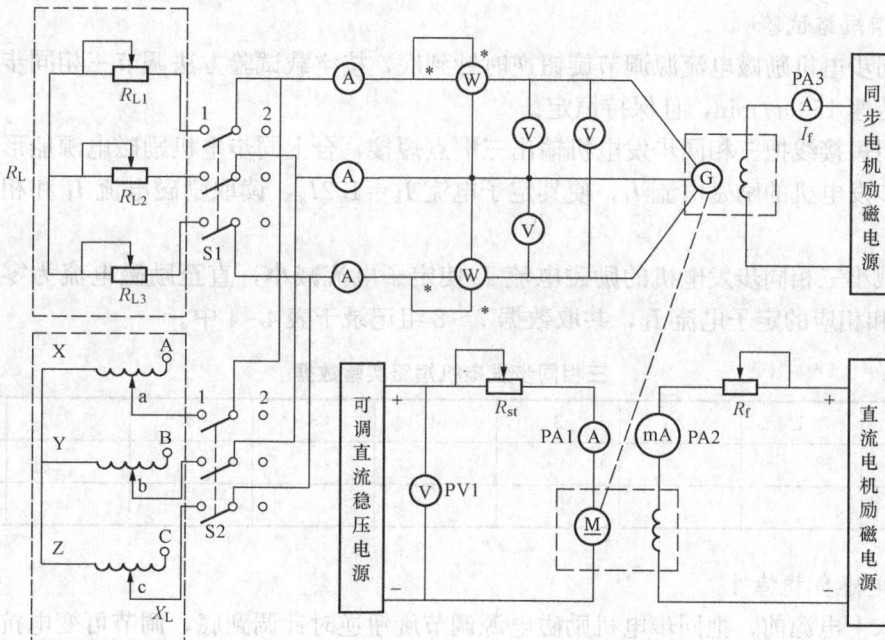

图 4-1　测定三相同步发电机运行特性实验接线图

（2）未上电源前，同步电机励磁电源调节旋钮逆时针到底，直流电机磁场调节电阻 R_f 调至最小，电枢调节电阻 R_{st} 调至最大，开关 S1、S2 扳向"2"位置（断开位置）。

（3）按下绿色"闭合"按钮开关，合上直流电机励磁电源和电枢电源船形开关，起动直流电动机 M03。

（4）调节 R_{st} 至最小，并调节可调直流稳压电源（电枢电压）和磁场调节电阻 R_f，使直流电动机转速达到同步发电机的额定转速（1500r/min）并保持恒定。

（5）合上同步电机励磁电源船形开关，调节三相同步发电机励磁电流 I_f（注意：必须单方向调节），使 I_f 单方向递增至发电机输出电压 U_0 约为 $1.3U_N$ 为止。在这范围内，读取三相同步发电机励磁电流 I_f 和相应的空载电压 U_0，测取 7～8 组数据填入表 4-2 中。

表 4-2　　　　　　　　　励磁电流增大三相同步发电机空载实验数据

序　号	1	2	3	4	5	6	7	8
U_0(V)								
I_f(A)								

（6）减小三相同步发电机励磁电流，使 I_f 单方向减至零值为止。读取励磁电流 I_f 和相应的空载电压 U_0 共 7～8 组填入表 4-3 中。

表 4-3　　　　　　　　　励磁电流减小三相同步发电机空载实验数据

序　号	1	2	3	4	5	6	7	8
U_0(V)								
I_f(A)								

3. 三相短路试验

（1）同步电机励磁电流源调节旋钮逆时针到底，按空载试验方法调节三相同步发电机转速为额定转速 1500r/min，且保持恒定。

（2）用短接线把三相同步发电机输出三端点短接，合上同步电机励磁电源船形开关，调节三相同步发电机的励磁电流 I_f，使其定子电流 $I_k = 1.2I_k$，读取励磁电流 I_f 和相应的定子电流值 I_k。

（3）减小三相同步发电机的励磁电流 I_f 使定子电流减小，直至励磁电流为零，读取励磁电流 I_f 和相应的定子电流 I_k，共取数据 7～8 组记录于表 4-4 中。

表 4-4　　　　　　　　　三相同步发电机短路实验数据

序　号	1	2	3	4	5	6	7	8
I_k(A)								
I_f(A)								

4. 纯电感负载特性

（1）未上电源前，把同步电机励磁电源调节旋钮逆时针调到底，调节可变电抗器使其阻抗达到最大，同时拆除三相同步发电机定子端的短接线。

（2）按空载试验方法起动直流电动机 M03，调节三相同步发电机的转速达 1500r/min，并保持恒定。开关 S2 扳向"1"端，使三相同步发电机带纯电感负载运行。

（3）调节直流电动机的磁场调节电阻 R_f 和可变电抗器，使三相同步发电机端电压接近 1.1 倍额定电压，且电流为额定电流，读取端电压值和励磁电流值。

（4）逐步调节励磁电流使三相同步发电机端电压减小，并调节可变电抗器使定子电流值保持恒定为额定电流，测取端电压和相应的励磁电流共 7～8 组数据，记录于表 4-5 中。

表 4-5　　　　三相同步发电机纯电感负载特性实验数据

序　号	1	2	3	4	5	6	7	8
U_0(V)								
I_f(A)								

5. 测取三相同步发电机带纯电阻负载（$\cos\varphi_2=1$）时的外特性

（1）把三相可变电阻器 R_L 调至最大，按空载试验的方法起动直流电动机，并调节其转速达三相同步发电机额定转速（1500r/min），且转速保持恒定。

（2）开关 S2 合向"2"端（断开感性负载），开关 S1 合向"1"端，三相同步发电机带三相纯电阻负载运行。

（3）合上同步电机励磁电源船形开关，调节三相同步发电机励磁电流 I_f 和负载电阻 R_L 使其端电压达额定值（220V），且负载电流亦达额定值。

（4）保持这时的发电机励磁电流 I_f 恒定不变，调节负载电阻 R_L，测三相同步发电机端电压和相应的负载电流，直至负载电流减小到零，测出整条外特性，记录 7～8 组数据于表 4-6 中。

表 4-6　　　　三相同步发电机外特性实验数据（$\cos\varphi_2=1$）

序　号	1	2	3	4	5	6	7	8
U(V)								
I(A)								

6. 测取三相同步发电机在 $\cos\varphi_2=0.8$ 时的外特性

（1）分别把三相可变电阻 R_L 和三相可变电抗 X_L 调至最大，并把同步电机励磁电源调节旋钮逆时针调到底。

（2）按空载方法起动直流电动机，并调节其转速达到三相同步发电机额定转速 $n=n_N=1500$r/min，且保持转速额定。把开关 S1、S2 均合向"1"端，把 R_L 和 X_L 并联，作为发电机 G 的负载使用。

（3）合上同步电机励磁电源船形开关，分别调节同步电机励磁电流 I_f，负载电阻 R_L 和可变电抗 X_L，使三相同步发电机的端电压达额定值 $U_N=220$V，负载电流达额定值且功率因数为 0.8。

（4）保持这时的三相同步发电机励磁电流 I_f 恒定不变，调节负载电阻 R_L 和可变电抗器 X_L 使负载电流改变而功率因数保持为 0.8 不变，测三相同步发电机端电压和相应的负载电流，测出整条外特性，记录 7～8 组数据于表 4-7 中。

表 4-7　　　　三相同步发电机外特性实验数据（$\cos\varphi_2=0.8$）

序　号	1	2	3	4	5	6	7	8
U(V)								
I(A)								

7. 测取三相同步发电机在纯电阻负载时的调整特性

(1) 三相同步发电机接入三相负载电阻 R_L（S1 合向 "1"），断开感性负载 X_L（S2 合向 "2"），并调节 R_L 至最大。按前述方法起动直流电动机，并调节其转速达到 1500r/min，并保持恒定。

(2) 合上同步电机励磁电源船形开关，调节同步电机励磁电流 I_f，使三相同步发电机端电压达额定值 $U_N=220V$，且保持恒定。

(3) 调节负载电阻 R_L 以改变负载电流，同时保持三相同步发电机端电压不变。读取相应的励磁电流 I_f 和负载电流 I，测出整条调整特性。测出 7～8 组数据记录于表 4-8 中。

表 4-8   三相同步发电机带纯电阻负载时的调整特性实验数据

序 号	1	2	3	4	5	6	7	8
$I(A)$								
$I_f(A)$								

六、实验注意事项

(1) 同步电机励磁电源为 0～2.5A 可调的恒流源，安装在主控制屏的右下部。切记不可将恒流源输出短路。

(2) 转速保持 $n=n_N=1500$r/min 恒定。

(3) 实验内容 2 中的实验数据应在额定电压附近多读取些数值。

(4) 功率表接线时，需注意电压线圈和电流线圈的同名端，避免接错线。

七、实验报告要求

(1) 根据实验数据绘出三相同步发电机的空载特性。

(2) 根据实验数据绘出三相同步发电机短路特性。

(3) 根据实验数据绘出三相同步发电机的纯电感负载特性。

(4) 根据实验数据绘出三相同步发电机的外特性。

(5) 根据实验数据绘出三相同步发电机的调整特性。

(6) 由空载特性和短路特性求取三相同步发电机定子漏抗 X_σ 和特性三角形。

(7) 由零功率因数特性和空载特性确定电机定子保梯电抗。

(8) 利用空载特性和短路特性确定同步电机的直轴同步电抗 X_d（不饱和值）。

(9) 利用空载特性和纯电感负载特性确定同步电机的直轴同步电抗 X_d（饱和值）。

(10) 求短路比。

(11) 由外特性试验数据求取电压调整率 $\Delta U\%$。

(12) 回答思考题。

八、思考题

(1) 定子漏抗 X_σ 和保梯电抗 X_p 它们各代表什么参数？它们的差别是怎样产生的？

(2) 由空载特性和特性三角形用作图法求得的零功率因数的负载特性和实测特性是否有差别？造成这差别的因素是什么？

(3) 说明不同功率因数下同步发电机的外特性有何不同并分析原因。

(4) 说明同步发电机带纯电阻负载时的调整特性为何是略微上翘的。

实验二　三相同步发电机的并联运行

一、实验目的

（1）掌握三相同步发电机投入电网并联运行的条件与操作方法。

（2）掌握三相同步发电机并联运行时有功功率与无功功率的调节。

二、实验设备

（1）MEL 系列电机教学实验台主电源控制屏。

（2）电机导轨及测功机、转矩转速测量（MEL-13、MEL-14）。

（3）三相可变电阻器 90Ω(MEL-04)。

（4）波形测试及开关板（MEL-05）。

（5）旋转指示灯、整步表（MEL-07）。

（6）同步电机励磁电源（位于主电源控制屏右下部）。

（7）功率表、功率因数表（在主电源控制屏上，或为单独的组件 MEL-20、MEL-24）。

三、预习要点

（1）三相同步发电机投入电网并联运行有哪些条件？不满足这些条件将产生什么后果？如何满足这些条件？

（2）三相同步发电机投入电网并联运行时怎样调节有功功率和无功功率？调节过程又是怎样的？

四、实验原理

1. 准确同步法并列运行

三相同步发电机与电网并联运行必须满足三个条件：①发电机的频率和电网频率要相近，即 $f_{II} \approx f_{I}$；②发电机和电网电压大小、相位要相同，即 $\dot{E}_{0II} = \dot{U}_{I}$；③发电机和电网的相序要相同。为了检查这些条件是否满足，可用电压表检查电压，用灯光旋转法或整步表法检查相序和频率。

2. 三相同步发电机与电网并联运行时有功功率的调节

三相同步发电机有功分量电流产生的是交轴电枢反应，该电枢反应磁场与转子电流作用将产生阻力矩。因此，为了维持发电机的转速不变，必须随着有功负载的变化调节由原动机输入的功率。

3. 三相同步发电机与电网并联运行时无功功率的调节

三相同步发电机无功分量电流产生的是直轴电枢反应，该电枢反应对主磁场起着去磁或助磁的作用。因此，为保持发电机的端电压不变，必须随着无功负载的变化相应地调节转子的直流励磁电流。

五、实验内容

1. 用准确同步法将三相同步发电机投入电网并联运行

（1）实验接线见图 4-2。三相同步发电机选用 M08，原动机选用直流并励电动机 M03 作他励接法。PA1、PA2、PV1 选用直流电源自带毫安表、电流表、电压表（在主控制屏下部）。R_{st} 选用 MEL-04 中的两只 90Ω 电阻相串联（最大值为 180Ω），R_f 选用 MEL-03 中两只 900Ω 电阻相串联（最大值为 1800Ω）。开关 S 选用 MEL-05。交流电压表、电流表、功率表的选择同第三章实验一。同步电机励磁电源固定在控制屏的右下部。

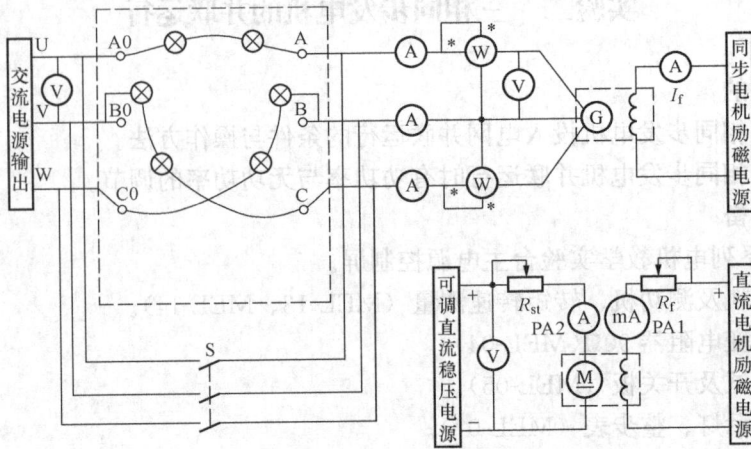

图 4-2　三相同步发电机并联运行实验接线图

（2）三相调压器旋钮逆时针到底，开关 S1 与 S2 均断开，确定"可调直流稳压电源"和"直流电机励磁电源"船形开关均在断开位置，合上绿色"闭合"按钮开关，调节调压器旋钮，使交流输出电压达到三相同步发电机额定电压 $U_N = 220V$。

（3）直流电动机电枢调节电阻 R_{st} 调至最大，励磁调节电阻 R_f 调至最小，先合上直流电机励磁电源船形开关，再合上可调直流稳压电源船形开关，起动直流电动机 M03，并调节电机转速为 1500r/min。

（4）合上开关 S1，接通同步发电机励磁电源，调节同步发电机励磁电流 I_f，使其发出220V 额定电压。

（5）观察三组相灯，若依次明灭形成旋转灯光，则表示发电机和电网相序相同；若三组灯同时发亮、同时熄灭，则表示发电机和电网相序不同。当发电机和电网相序不同时，则应先停机，调换发电机或三相电源任意二根端线以改变相序后，按前述方法重新起动电动机。

（6）当发电机和电网相序相同时，调节同步电机励磁电流 I_f 使发电机电压和电网电压相同。再细调直流电动机转速，使各相灯光缓慢地轮流旋转发亮（若采用整步表法检查并网条件，可接通整步表直键开关，观察到整步表"V"表和"Hz"表指在中间位置，"S"表指针逆时针缓慢旋转）。

（7）待 U 相灯熄灭时合上并网开关 S2，把发电机投入电网并联运行。

（8）停机时应先（断开整步表直键开关后）断开并网开关 S2，将 R_{st} 调至最大，三相调压器逆时针旋到零位，并先断开电枢电源后再断开直流电机励磁电源。

2. 三相同步发电机与电网并联运行时有功功率的调节

（1）按上述方法把三相同步发电机投入电网并联运行。

（2）并网以后，调节直流电动机的励磁电阻 R_f 和同步发电机的励磁电流 I_f，使同步发电机定子电流接近于零，这时相应的同步发电机励磁电流 $I_f = I_{f0}$。

（3）保持这一励磁电流 I_f 不变，调节直流电动机的励磁调节电阻 R_f，使其阻值增加，这时同步发电机输出功率 P_2 增加。

（4）在同步电机定子电流接近于零到额定电流的范围内，读取三相电流、三相功率数据5～6组，记录于表4-9中。

表4-9　　　　　　　三相同步发电机并联运行时有功功率调节实验数据

序号	测 量 值					计 算 值		
	输出电流 I(A)			输出功率 P(W)		I^*(A)	P_2^{**}(W)	$\cos\varphi$
	I_U	I_V	I_W	P_I	P_{II}			
1								
2								
3								
4								
5								
6								

* 取三个电流测量数据的平均值。

** 两功率表读数之和。

3. 三相同步发电机与电网并联运行时无功功率的调节

（1）测取当输出功率等于零时三相同步发电机的V形曲线：

1）按上述方法把同步发电机投入电网并联运行。

2）保持同步发电机的输出功率 $P_2\approx0$。

3）先调节同步发电机励磁电流 I_f，使 I_f 上升，发电机定子电流随着 I_f 的增加上升到额定电流，并调节 R_{st}，保持 $P_2\approx0$。记录此点同步发电机励磁电流 I_f、定子电流 I。

4）减小同步发电机励磁电流 I_f 使定子电流 I 减小到最小值，记录此点数据。

5）继续减小同步发电机励磁电流，这时定子电流又将增加直至额定电流。

6）分别在这过励和欠励情况下，读取数据9～10组记录于表4-10中。

表4-10　　　　三相同步发电机并联运行时无功功率调节实验数据（$P_2\approx0$）

序　号	测 量 值			计 算 值	
	I_U(A)	I_V(A)	I_W(A)	I^*(A)	I_f(A)
1					
2					
3					
4					
5					
6					
7					
8					
9					
10					

* 取三个电流测量数据的平均值。

（2）测取当输出功率等于 0.5 倍额定功率时三相同步发电机的 V 形曲线：

1）按上述方法把同步发电机投入电网并联运行。

2）保持同步发电机的输出功率 P_2 等于 0.5 倍额定功率。

3）先调节同步发电机励磁电流 I_f，使 I_f 上升，发电机定子电流随着 I_f 的增加上升到额定电流。记录此点同步发电机励磁电流 I_f、定子电流 I。

4）减小同步发电机励磁电流 I_f 使定子电流 I 减小到最小值，记录此点数据。

5）继续减小同步发电机励磁电流，这时定子电流又将增加直至额定电流。

6）分别在这过励和欠励情况下，读取数据 9～10 组，记录于表 4-11 中。

表 4-11　　　　三相同步发电机并联运行时无功功率调节实验数据 $(P_2 \approx 0.5 P_N)$

序　号	测　量　值				计　算　值	
	I_U(A)	I_V(A)	I_W (A)	I_f(A)	I^* (A)	$\cos\varphi$
1						
2						
3						
4						
5						
6						
7						
8						
9						
10						

* 取三个电流测量数据的平均值。

六、实验注意事项

（1）实验中，三相同步发电机的原动机是直流电动机。该回路中的仪表是直流仪表，同步发电机励磁回路中的仪表是直流仪表，其余为交流仪表。

（2）功率表接线时，需注意电压线圈和电流线圈的同名端，避免接错线。

（3）实验中应保持三相同步发电机转速 $n = 1500\text{r/min}$ 不变。

七、实验报告要求

（1）利用表 4-9 中的实验数据说明三相同步发电机和电网并联运行时有功功率调节的方法。

（2）画出 $P_2 \approx 0$ 和 $P_2 \approx 0.5 P_N$ 时三相同步发电机的 V 形曲线，并讨论在不同励磁状态下电枢电流的变化，说明两条曲线的差别及原因。

八、思考题

（1）试述并联运行条件不满足时进行并网将引起什么后果。

（2）实验中如果出现三组指示灯同时明暗的情况，说明发电机和电网相序不同，试画相量图予以解释。

实验三 三相同步电动机

一、实验目的
(1) 掌握三相同步电动机的异步起动方法。
(2) 测取三相同步电动机的 V 形曲线。
(3) 测取三相同步电动机的工作特性。

二、实验设备
(1) MEL 系列电机教学实验台主电源控制屏。
(2) 电机导轨及测功机、转矩转速测量（MEL-13、MEL-14）。
(3) 三相可变电阻器 90Ω(MEL-04)。
(4) 波形测试及开关板（MEL-05）。
(5) 同步电机励磁电源（位于主电源控制屏右下部）。
(6) 功率、功率因数表（或在主电源控制屏上，或在单独的组件 MEL-20、MEL-24）。

三、预习要点
(1) 三相同步电动机异步起动的原理及操作步骤。
(2) 三相同步电动机的 V 形曲线是怎样的？如何作为无功电源（调相机）？
(3) 三相同步电动机的工作特性怎样？如何测取？

四、实验原理
1. 三相同步电动机的异步起动

在三相同步电动机的主极靴上装设有笼型起动绕组，起动时，先把励磁绕组接到限流电阻，定子绕组接到三相交流电网。这样，依靠定子旋转磁场和转子起动绕组中感应电流所产生的异步电磁力矩，电机便能起动起来。待转速上升到接近于同步转速时，再将励磁电流接入励磁绕组，使转子建立主磁场。此时依靠定、转子磁场相互作用所产生的同步电磁力矩，再加上凸极效应所引起的磁阻转矩，便可将转子牵入同步。

2. 三相同步电动机的 V 形曲线

V 形曲线是指定子电压及电磁功率一定时，电枢电流与励磁电流的关系。正常励磁时，电枢电流全部为有功电流，值最小；过励时，电枢电流呈容性，其值较正常励磁时大；欠励时，电枢电流呈感性，其值较正常励磁时大。

3. 三相同步电动机的工作特性

三相同步电动机工作特性是指定子电压及励磁电流一定时，电磁转矩、电枢电流、效率、功率因数与输出功率之间的关系。因转速一定，所以随着输出功率的增加，电磁转矩将正比增大，电枢电流也随之而增大；若空载时的功率因数为超前的，则随输出功率的增加，电枢电流也将增大。

五、实验内容
1. 三相同步电动机的异步起动

(1) 实验接线见图 4-3。被试电机为凸极式三相同步电动机 M08。R 的阻值应为同步发电机励磁绕组电阻的 10 倍（约 90Ω），选用 MEL-04 中的 90Ω 电阻。开关 S 选用 MEL-05。交流电压表、电流表、功率表的选择同第三章实验一。同步电机励磁电源固定在控制屏的右

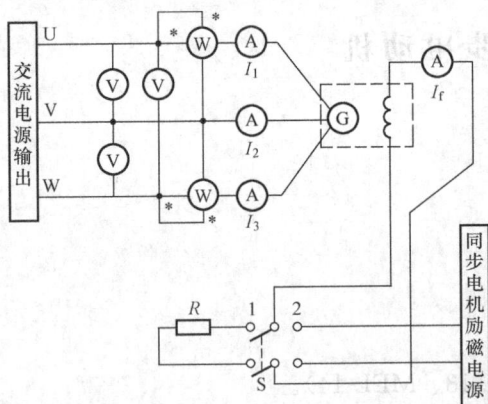

图 4 - 3　三相同步电动机实验接线图

（2）将 MEL-13 中的"转速控制"和"转矩控制"选择开关扳向"转矩控制"，"转矩设定"旋钮逆时针到底。

（3）把功率表电流线圈短接，把交流电流表短接，先将开关 S 闭合于励磁电源端 2 端，起动励磁电流源，调节励磁电流源输出大约 0.7A 左右，然后将开关 S 闭合于可变电阻器 R（1 端）。

（4）把调压器退到零位，合上电源开关，调节调压器使升压至同步电动机额定电压 220V，观察电机旋转方向，若不符合要求则应调整相序。

（5）当转速接近同步转速时，把开关 S 迅速从左端切换到右端，让同步电动机励磁绕组加直流励磁而强制拉入同步运行，异步起动同步电动机整个起动过程完毕，接通功率表、功率因数表、交流电流表。

2. 测取三相同步电动机输出功率 $P_2 \approx 0$ 时的 V 形曲线

（1）按上述方法异步起动同步电动机，使同步电动机输出功率 $P_2 \approx 0$。

（2）增加同步电动机的励磁电流 I_f，这时同步电动机的定子三相电流亦随之增加，直至电流达额定值，记录定子三相电流和相应的励磁电流、输入功率。

（3）逐渐减小同步电动机的励磁电流 I_f，这时定子三相电流亦随之减小，直至电流达最小值，记录这时的相应数据。

（4）继续调小同步电动机的励磁电流，这时同步电动机的定子三相电流反而增大直到电流达额定值，在这过励和欠励范围内读取 4～5 组数据，记录于表 4 - 12 中。

表 4 - 12　　　　　三相同步电动机 V 形曲线实验数据 （$P_2 \approx 0$）

序 号	三相定子电流（A）				励磁电流（A）	输入功率（W）		
	I_U	I_V	I_W	I^*	I_f	P_I	P_{II}	P_2^{**}
1								
2								
3								
4								
5								

*　取三个电流测量数据的平均值。

**　两功率表读数之和。

3. 测取三相同步电动机输出功率 $P_2 \approx 0.5 P_N$（额定功率）时的 V 形曲线

（1）异步起动同步电动机，调节测功机"转矩设定"旋钮使之加载，使同步电动机输出功率改变，输出功率 $P_2 = 0.105 n T_2$。

（2）使同步电动机输出功率 $P_2 \approx 0.5 P_N$ 且保持不变，增加同步电动机的励磁电流 I_f，这时同步电动机的定子三相电流亦随之增加直到电流达同步电动机的额定电流，记录定子三相电流和相应的励磁电流、输入功率。

（3）逐渐减小同步电动机的励磁电流 I_f，这时定子三相电流亦随之减小直至电流达最小值，记录这时的相应数据。

（4）继续调小同步电动机的励磁电流，这时同步电动机的定子三相电流反而增大直到电流达额定值，在过励和欠励范围内读取 4～5 组数据，记录于表 4-13 中。

表 4 - 13　　　　　　　　三相同步电动机 V 形曲线实验数据 （$P_2 \approx 0.5 P_N$）

序 号	三相定子电流（A）				励磁电流（A）	输入功率（W）		
	I_U	I_V	I_W	I^*	I_f	P_I	P_{II}	P_2^{**}
1								
2								
3								
4								
5								

* 取三个电流测量数据的平均值。

** 两功率表读数之和。

4. 测取三相同步电动机的工作特性

（1）异步起动同步电动机，调节测功机"转矩设定"旋钮使之加载，使同步电动机输出功率改变，输出功率 $P_2 = 0.105 n T_2$。

（2）调节同步电动机的励磁电流使同步电动机输出功率达额定值时，且功率因数为 1。

（3）保持此时同步电动机的励磁电流恒定不变，逐渐减小负载，使同步电动机输出功率逐渐减小直至为零，读取定子电流、输入功率、功率因数、输出转矩、转速，共取 5～6 组数据记录于表 4-14 中。

表 4 - 14　　　　　　　　　三相同步电动机工作特性实验数据

序 号	输　　入								输　　出		
	$I_U(A)$	$I_V(A)$	$I_W(A)$	$I^*(A)$	$P_I(W)$	$P_{II}(W)$	$P_2^{**}(W)$	$\cos\varphi$	$T_2(N \cdot m)$	$P_2(W)$	$\eta(\%)$
1											
2											
3											
4											
5											
6											

* 取三个电流测量数据的平均值。

** 两功率表读数之和。

六、实验注意事项

（1）实验中有交流表也有直流表，注意正确选择使用。

（2）异步起动时注意对开关 S 的操作，以及对功率表电流线圈和交流电流表的处理。

七、实验报告要求

(1) 作 $P_2 \approx 0$ 时三相同步电动机的 V 形曲线 $I = f(I_f)$，并说明定子电流的性质。

(2) 作 $P_2 \approx 0.5 P_N$ 时三相同步电动机的 V 形曲线 $I = f(I_f)$，并说明定子电流的性质。

(3) 作三相同步电动机的工作特性曲线，即 I、P、$\cos\varphi$、T_2、η 与 P_2 的关系曲线。

(4) 回答思考题。

八、思考题

(1) 三相同步电动机异步起动时先把同步电动机的励磁绕组经一可调电阻组成回路，这可调电阻调节为同步电动机的励磁绕组阻值的 10 倍（约 90Ω），该电阻在起动过程中的作用是什么？若该电阻为零时又将怎样？

(2) 在保持恒功率输出测取三相同步电动机 V 形曲线时输入功率将有什么变化？为什么？

(3) 对这台三相同步电动机的工作特性做简单评价。

实验四　三相同步发电机参数的测定

一、实验目的

(1) 掌握三相同步发电机参数的测定方法。

(2) 加深对三相同步发电机各电抗参数的理解。

二、实验设备

(1) MEL 系列电机教学实验台主电源控制屏。

(2) 电机导轨及测功机、转矩转速测量（MEL-13、MEL-14）。

(3) 三相同步发电机（M08）。

(4) 三相可变电阻器 90Ω（MEL-04）。

(5) 波形测试及开关板（MEL-05）。

(6) 指针式交流电压表、电流表（MEL-17）。

(7) 同步电机励磁电源（位于主电源控制屏右下部）。

(8) 功率表、功率因数表（在主电源控制屏上，或单独的组件 MEL-20、MEL-24）。

三、预习要点

(1) 同步电机的电抗参数 X_d、X_q、X_d''、X_q''、X_0、X_2 所代表的物理意义，以及它们所对应的磁路和耦合关系。

(2) 同步电机参数的测量有哪些方法？并进行分析比较。

(3) 怎样判定同步电机定子旋转磁场的旋转方向和转子的方向是同方向还是反方向？

四、实验原理

1. 转差法测定同步电机的同步电抗 X_d、X_q

同步电机的转子励磁绕组开路，由原动机驱动转子转速接近同步速，有 $1\% \sim 2\%$ 的转差率。定子绕组上外施对称三相电压，其相序能使电枢旋转磁场与转子有相同的转向。为防止转子被电气旋转磁场牵入同步，外施三相电压应降低到额定值的 20% 以下。这样，便在转子中感应转差频率的电动势。当定子磁场轴线与转子直轴重合时，定子所表现的电抗为 X_d，此时由于电枢磁场磁路的磁阻为最小，相应的电枢绕组电抗达最大值。电枢电流为最小值，线路压降最小，电枢端电压则为最大。当定子磁场轴线与交轴重合时，定子所表现的电抗为 X_q，此时情况与前者正相反。利用电枢电压的最大值电流的最小值可计算 X_d，利用电枢电压的最小值电流的最大值可计算 X_q。

2. 反同步旋转法测定同步电机的负序电抗 X_2

在转子正向同步旋转、励磁绕组短接，电枢三相绕组流过一组对称的负序电流时，同步电机所表现的阻抗为负序阻抗。

3. 单相电源法测定同步电机的零序电抗 X_0

在转子正向同步旋转、励磁绕组短接，电枢三相绕组流过一组零序电流时，同步电机所表现的阻抗为零序阻抗。三相零序电流在大小、频率及相位上都是相同的，可利用将同步电机三相定子绕组首尾依次串联后接至同一单相交流电源的方法来模拟三相定子绕组流通三相零序电流的效果。由于三相零序电流不会激励基波旋转磁场，因此，零序电流只产生定子漏磁通，相应的零序电抗具有漏抗性质。

4. 同步电机的次暂态电抗 X_d''、X_q''

同步发电机短路瞬间，由于励磁和阻尼绕组内感应电流的共同抵制，直轴电枢反应磁通在通过主气隙后，将绕道阻尼绕组的漏磁磁路和励磁绕组的漏磁磁路而闭合，此时对应的定子电抗称为直轴次暂态电抗 X_d''。在交轴方向，由于无励磁绕组，因此，交轴电枢反应磁通在通过主气隙后，将只受到阻尼绕组的抵制而绕道阻尼绕组的漏磁磁路闭合，此时对应的定子电抗称为交轴次暂态电抗 X_q''。

五、实验内容

1. 用转差法测定同步发电机的同步电抗 X_d、X_q

（1）按图 4-4 接线。同步发电机 M08 定子绕组采用 Y 形接法。直流并励电动机 M03 按他励电动机方式接线，用作 M08 的原动机。R_f 选用 MEL-03 中两只 900Ω 电阻相串联（最大值为 1800Ω），R_{st} 选用 MEL-04 中的两只 90Ω 电阻相串联（最大值为 180Ω），R 选用 MEL-04 中的 90Ω 电阻。开关 S 选用 MEL-05。

（2）将 MEL-13 中的"转速控制"和"转矩控制"选择开关扳向"转矩控制"，"转矩设定"旋钮逆时针到底。主控制屏三相调压旋钮逆时针到底，功率表电流线圈短接，可调直流稳压电源和直流电机励磁电源、同步电机励磁电源处在断开位置，开关 S 合向 R 端。

（3）R_{st} 调至最大，R_f 调至最小，按下绿色"闭合"按钮开关，先接通直流电机励磁电源，再接通电枢电源，起动直流电动机 M03，观察电动机转向。

（4）断开直流电机电枢电源和励磁电源，使直流电动机停机。调节三相交流电源输出，给三相同步发电机加一电压，使其作同步电动机起动，并观察其转向。

（5）若此时同步发电机转向与直流电动机转向一致，则说明同步发电机定子旋转磁场与转子转向

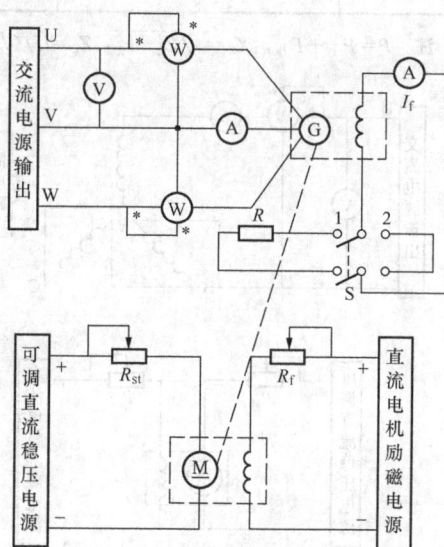

图 4-4 转差法测同步发电机同步电抗实验接线图

一致；若不一致，将三相电源任意两相换接，使定子旋转磁场转向改变。

（6）调节调压器给同步发电机加 5%～15% 的额定电压。

（7）调节直流电动机 M03 转速，使之升速到接近同步发电机额定转速 1500r/min，直至同步发电机定子电流表指针缓慢摆动（电流表量程选用 0.25A 档），在同一瞬间读取电流周期性摆动的最小值与相应电压最大值，以及电流周期性摆动最大值和相应电压最小值，取两组数据记录于表 4-15 中。

表 4-15　　　　　　　　　转差法测定同步发电机同步电抗实验数据

序　号	I_{max}(A)	U_{min}(A)	X_q(Ω)	I_{min}(A)	U_{max}(V)	X_d(Ω)
1						
2						

注　$X_q = U_{min}/(\sqrt{3} I_{max})$，$X_d = U_{max}/(\sqrt{3} I_{min})$。

2. 用反同步旋转法测定同步发电机的负序电抗 X_2 及负序电阻 r_2

（1）在上述实验台的基础上，将同步发电机定子绕组任意两相对换，以改换相序使同步发电机的定子旋转磁场和转子转向相反。

（2）开关 S 闭合在短接端，调压器旋钮退至零位，功率处于正常测量状态（拆除电流线圈的短接线）。

（3）起动直流电动机 M03，并使电动机达到额定转速 1500r/min；顺时针缓慢调节调压器旋钮，使三相交流电源逐渐升压直至同步发电机定子电流达 30%～40% 额定电流。读取定子绕组电压、电流和功率，记录于表 4-16 中。

表 4-16　　　　反同步旋转法测定同步发电机的负序电抗及负序电阻实验数据

序　号	I(A)	U(V)	P_I(W)	P_{II}(W)	P(W)	r_2(Ω)	X_2(Ω)
1							
2							

注　$P = P_I + P_{II}$，$X_2 = \sqrt{Z_2^2 - r_2^2}$，$Z_2 = U/(\sqrt{3} I)$，$r_2 = P/(3I^2)$。

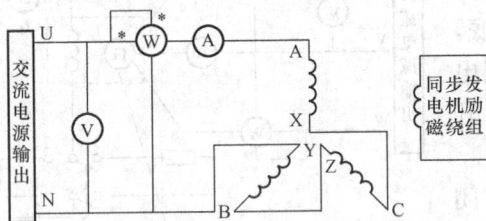

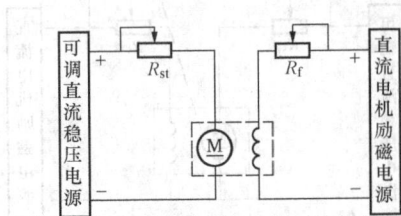

图 4-5　单相电源测同步发电机零序
电抗实验接线图

3. 用单相电源法测同步发电机的零序电抗 X

（1）按图 4-5 接线，将同步发电机的三相定子绕组首尾依次串联，接至单相交流电源。调压器退至零位，同步发电机励磁绕组短接。

（2）起动直流电动机 M03 并使电机升至额定转速 1500r/min。

（3）接通交流电源并调节调压器使同步发电机定子绕组电流上升到额定电流值。

（4）测取此时的电压、电流和功率值并记录于表 4-17 中。

表 4 - 17 　　　　　　　　单相电源法测同步发电机零序电抗实验数据

$U(V)$	$I(A)$	$P(W)$	$X_0(\Omega)$

注　$X_0=\sqrt{Z_0^2-r_0^2}$，$Z_0=U/(\sqrt{3}I)$，$r_0=P/(3I^2)$。

4. 用静止法测定同步发电机次暂态电抗 X_d'' 和 X_q''

（1）按图 4 - 6 接线。将同步电机三相绕组连接成星形，任取两相端点接至单相交流电源。其中，两只电流表均采用 MEL-17。调压器退到零位，发电机处于静止状态。

（2）接通交流电源并调节调压器逐渐升高输出电压，使同步发电机定子绕组电流接近 $20\%I_N$。

（3）用手慢慢转动同步发电机转子，观察两只电流表读数的变化，仔细调整同步发电机转子的位置使两只电流表读数达最大。读取这位置时的电压、电流、功率值并记录于表 4 - 18 中，由此可测定 X_d''。

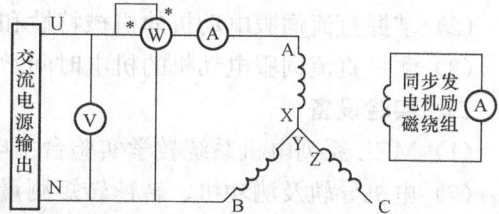

图 4 - 6　静止法测同步电机瞬变电抗实验接线图

表 4 - 18 　　　　　　静止法测同步发电机直轴次暂态电抗实验数据

$U(V)$	$I(A)$	$P(W)$	$X_d''(X_d')$ (Ω)

注　$X_d''=\sqrt{Z_d''^2-r_d''^2}$，$Z_d''=U/(2I)$，$r_d''=P/(2I^2)$。

（4）把同步发电机转子转过 45°，在这附近仔细调整同步发电机转子的位置使两只电流表指示达最小。

（5）读取这位置时的电压、电流、功率值并记录于表 4 - 19 中，从这数据可测定 X_q''。

表 4 - 19 　　　　　　静止法测同步发电机交轴次暂态电抗实验数据

$U(V)$	$I(A)$	$P(W)$	$X_q''(X_q')$ (Ω)

注　$X_q''=\sqrt{Z_q''^2-r_q''^2}$，$Z_q''=U/(2I)$，$r_q''=P/(2I^2)$。

六、实验注意事项

（1）用转差法测定同步电抗时，调压器输出电压数值不宜过高，以免磁阻转矩将电机牵入同步，同时也不能太低，以免剩磁引起较大误差。

（2）测定零序电抗时，三相定子绕组应首尾依次相连，不要接错。

七、实验报告要求

（1）根据实验数据计算同步发电机参数 X_d、X_q、X_2、r_2、X_0、X_d'' 及 X_q''。

（2）比较同步发电机各电抗参数的大小并分析原因。

（3）回答思考题。

八、思考题

（1）各电抗参数的物理意义是什么？它们分别用在什么场合下？

（2）同步发电机参数中除次暂态电抗外还有暂态电抗，说明两者的区别。

（3）分析静止法测定同步发电机次暂态电抗的原理。

第五章 微特电机

实验一 直流伺服电动机

一、实验目的

(1) 通过实验测出直流伺服电动机的参数 r_a、K_e 及 K_t。

(2) 掌握直流伺服电动机的机械特性和调节特性的测量方法。

(3) 测量直流伺服电动机的机电时间常数，求取传递函数。

二、实验设备

(1) MEL 系列电机系统教学实验台主电源控制屏。

(2) 电机导轨及测功机、转速转矩测量（MEL-13）

(3) 直流并励电动机 M03（作直流伺服电机）。

(4) 220V 直流可调稳压电源（位于实验台主电源控制屏的下部）。

(5) 三相可调电阻 900Ω(MEL-03)。

(6) 三相可调电阻 90Ω(MEL-04)。

(7) 直流电压表、直流毫安表、直流电流表（MEL-06）。

(8) 波形测试及开关板（MEL-05）。

三、预习要点

(1) 对直流伺服电动机有什么技术要求？

(2) 直流伺服电动机有哪几种控制方式？

(3) 何为直流伺服电动机的机械特性和控制特性？

四、实验原理

(1) 直流伺服电动机是一台微型他励直流电动机，其功能是将接收到的信号即直流控制电压转变为电动机机轴的转速。改变电枢电压或励磁磁通都可以达到控制转速的目的，因而直流伺服电动机的控制方式有电枢控制和磁极控制两种。

(2) 直流控制电压一定时，转速随转矩变化的关系称为直流伺服电动机的机械特性。转矩一定时，转速随控制电压变化的关系称为直流伺服电动机的控制特性。电枢控制的直流伺服电动机，其机械特性和控制特性都是直线，都是单值函数，这是它的优点所在。

五、实验内容

1. 用伏安法测电枢的直流电阻 r_a

(1) 按图 5-1 接线。

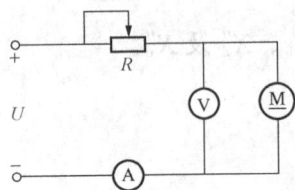

图 5-1 直流伺服电动机电枢绕组直流电阻测量实验接线图

(2) 逆时针调节磁场调节电阻 R(1800Ω) 使至最大。直流电压表量程选为 300V 档，直流电流表量程选为 2A 档。

(3) 按顺序按下主控制屏绿色"闭合"按钮开关、可调直流稳压电源的船形开关及复位开关，建立直流电源，并调节直流电源至 220V 输出。

（4）调节 R 使电枢电流达到 0.2A，迅速测取直流电动机电枢两端电压 U_M 和电流 I_a。将电机转子分别旋转 1/3 和 2/3 周，同样测取 U_M、I_a，填入表 5-1 中。取三次测量的平均值作为实际冷态电阻值 R_a。

表 5-1 电枢直流电阻测量数据（室温　　℃）

序　号	U_M(V)	I_a(A)	R_a^*（Ω） 测量值	计算值	R_{aref}（Ω）
1			$R_{a1}=$		
2			$R_{a2}=$		
3			$R_{a3}=$		

* R_a 为 R_{a1}、R_{a2}、R_{a3} 的平均值。

（5）计算基准工作温度时的电枢电阻 R_{aref}。由实验测得电枢绕组电阻值，此值为实际冷态电阻值，冷态温度为室温。将此值换算到基准工作温度时的电枢绕组电阻值，填入表 5-1 中。

2. 测直流伺服电动机的机械特性

（1）按图 5-2 接线。其中 R_1 为 180Ω 电阻，采用 MEL-04 中两只 90Ω 电阻相串联。R_f 为 1800Ω 电阻，采用 MEL-03 中两只 900Ω 电阻相串联。R_2 采用 MEL-03 最上端 900Ω 电阻，为电位器接法。开关 S 选用 MEL-05。M 为直流伺服电动机 M03，G 为涡流测功机。I_S 为电流源，位于 MEL-13 中，可由"转矩设定"电位器进行调节。PV1 为可调直流稳压电源自带电压表。PV2 为直流电压表，量程为 300V 档，位于 MEL-06 中。PA1 为可调直流稳压电源自带电流表。PA2 为直流毫安表，位于直流电机励磁电源处。

（2）将 MEL-13"转速控制"和"转矩控制"选择开关板向"转矩控制"，"转矩设定"电位器逆时针旋到底。把 R_1 置最大值，R_f 置最小值，R_2 逆时针调到底，使 U_{R23} 的电压为零，并且开关 S 断开。测功机的励磁电流调到最小。

（3）先接通直流电机励磁电源。

（4）再接通直流稳压电源，电机运转后把 R_1 调到最小值，调节电枢绕组两端的电压 $U_a=U_N=220V$ 并保持不变。

图 5-2　测定直流伺服电动机机械特性实验接线图

（5）调节测功机负载，使电机输出转矩增加，并调节 R_f，使 $n=1600r/min$，$I_a=I_{aN}$，此时直流电动机励磁电流为额定电流。

（6）保持此额定电流不变，调节测功机负载，记录空载到额定负载范围内的 T、n、I_a 数据 6～7 组，填入表 5-2 中。

表 5-2 直流伺服电动机机械特性实验数据 （$U_a=U_N=220V$）

序　号	1	2	3	4	5	6	7
T(N·m)							
n(r/min)							
I_a(A)							

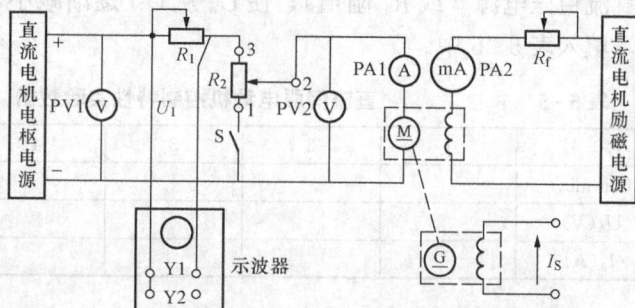

（7）调节直流稳压电源，使 $U_a=0.5U_N=110V$，重复上述实验步骤，记录空载到额定负载范围内的 T、n、I_a 数据 6～7 组，填入表 5-3 中。

表 5-3　　　　　直流伺服电动机机械特性实验数据 $(U_a=0.5,\ U_N=110V)$

序　号	1	2	3	4	5	6	7
$T(N\cdot m)$							
$n(r/min)$							
$I_a(A)$							

3. 测量直流伺服电动机的控制特性

（1）按上述方法起动电动机，电动机运转后，调节电动机轴上的输出转矩 $T=0.8N\cdot m$，保持该转矩及 $I_f=I_{fN}$ 不变，调节直流稳压电源（或 R_1 阻值）使 U_a 从 U_N 值逐渐减小，记录电动机的 n、U_a、I_a 数据 6～7 组，填入表 5-4 中。

表 5-4　　　　直流伺服电动机控制特性实验数据 $(T=0.8N\cdot m,\ I_f=I_{fN})$

序　号	1	2	3	4	5	6	7
$n(r/min)$							
$U_a(V)$							
$I_a(A)$							

（2）使电动机和测功机脱开，使得 $T=0$，仍保持 $I_f=I_{fN}$ 不变，在电动机空载状态，调节直流稳压电源（或 R_1 阻值），使 U_a 从 U_N 逐渐减小，记录电动机的 n、U_a、I_a 数据 6～7 组，填入表 5-5 中。

表 5-5　　　　　直流伺服电动机控制特性实验数据 $(T=0,\ I_f=I_{fN})$

序　号	1	2	3	4	5	6	7
$n(r/min)$							
$U_a(V)$							
$I_a(A)$							

4. 测量直流伺服电动机的机电时间常数（选做）

先接通励磁电源，调节 R_f，使 $I_f=I_{fN}$，再接通直流稳压电源，并调节输出电压，使电动机能起动运转。利用数字示波器拍摄直流伺服电动机空载起动时的机电时间常数 τ_e 和机械时间常数 τ_m，从而求出传递函数。

5. 测量空载始动电压

（1）将 R_1 置最小值，R_f 置最小值，R_2 顺时针调到底，使 U_{R23} 的电压为零，并且开关 S 闭合。

（2）断开测功机的励磁电流。

（3）起动电动机前先接通励磁电源，调节 $U_f=220V$；再接通电枢电源，调节 R_2 使输出电压缓慢上升，直到转轴开始连续转动，这时的电压为空载始动电压 U_a。

（4）正、反两个方向各做三次，取其平均值作为该电动机始动电压，将数据记录于表 5-6 中。

表 5 - 6　　　　　　　　　　　　空载始动电压实验数据

序　号	1	2	3	平均值
正向 U_a(V)				
反向 U_a(V)				

六、实验注意事项

（1）用伏安法测电枢直流电阻时，需调节 R 使电枢电流达到 0.2A，如果电流太大，可能由于剩磁的作用使电机旋转，测量无法进行；如果此时电流太小，可能由于接触电阻产生较大的误差。

（2）注意仪表量程的选取。

七、实验报告要求

（1）根据实验记录，计算 75℃时电枢绕组电阻 $r_{a75℃}$ 数值及 K_e、K_t 等参数。

（2）根据实验测得的数据，作出电枢控制时直流伺服电动机的机械特性 $n = f(T)$ 和控制特性 $n = f(U_a)$ 曲线。并求出电动机空载时的始动电压。

（3）回答思考题。

八、思考题

（1）直流伺服电动机是否存在自运转现象，试进行说明。

（2）分析实验所获得的控制特性为何与理论推导的直线特性有偏差？

（3）要提高直流伺服电动机的灵敏度，应采取什么方法？

实验二　交流伺服电动机

一、实验目的

（1）掌握用实验方法配圆磁场。

（2）掌握交流伺服电动机机械特性及调节特性的测量方法。

二、实验设备

（1）MEL 系列电机系统教学实验台主电源控制屏。

（2）电机导轨及测功机、转速转矩测量（MEL-13）。

（3）交流伺服电机 M13。

（4）三相可调电阻 90Ω（MEL-04）。

（5）波形测试及开关板（MEL-05）。

（6）单相调压器（MEL-08 或单配）。

（7）电机电容箱。

（8）万用表。

（9）示波器。

三、预习要点

（1）为什么三相调压器输出的线电压 U_{uw} 与相电压 U_{vn} 在相位上相差 90°？

（2）两相交流伺服电动机在什么条件下可达到圆形旋转磁场？

（3）对交流伺服电动机有什么技术要求？在制造与结构上采取什么相应措施？

（4）交流伺服电动机有几种控制方式？

（5）何为交流伺服电动机的机械特性和控制特性？

四、实验原理

（1）交流伺服电动机是一台两相感应电动机。两相定子绕组在空间相距 90°电角度，当两相定子绕组中流过时间上不同相的电流时，便会激励起两个在空间相距 90°电角度，在时间上不同相的脉动磁动势，气隙合成磁动势为椭圆形旋转磁动势。因负序磁场的存在不仅使电磁转矩减小而且增大了电动机的损耗，故而去除负序磁场，使气隙磁场为圆形旋转磁场，将使电动机工作在最佳状态。

（2）励磁绕组接到电源，如果控制信号电压的大小或者它与励磁电压间的相角，就能改变气隙合成磁场的椭圆度，达到控制电动机转速的作用。交流伺服电动机的控制方法有幅值控制、相位控制、电容控制和双相控制四种。

（3）控制信号电压一定时，转速随转矩变化的关系称为交流伺服电动机的机械特性。转矩一定时，转速随控制信号电压变化的关系称为交流伺服电动机的控制特性。

五、实验内容

1. 观察交流伺服电动机有无"自转"现象

（1）按图 5-3 接好电路。交流伺服电动机采用 M13，其额定功率 $P_N=25\text{W}$，额定控制电压 $U_N=220\text{V}$，额定励磁电压 $U_N=220\text{V}$，堵转转矩 $M=3000\text{g·cm}$，空载转速为 2700r/min。G 为测功机，通过航空插座与 MEL-13 相连。

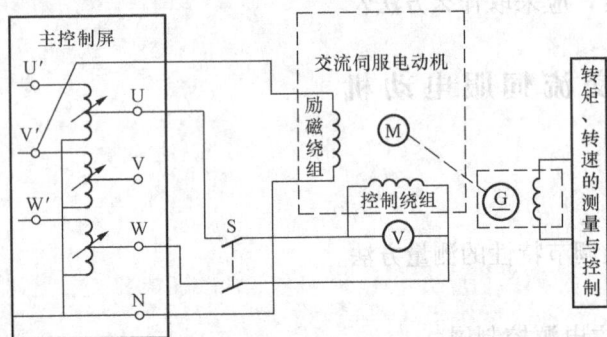

图 5-3　交流伺服电动机幅值控制实验接线图

（2）测功机和交流伺服电动机暂不连接（联轴器脱开），调压器旋钮逆时针调到底，使输出位于最小位置。合上开关 S。

（3）接通交流电源，调节三相调压器，使输出电压增加，此时电动机应起动运转，继续升高电压直到控制绕组电压 $U_c=127\text{V}$。

（4）待电动机空载运行稳定后，打开开关 S，观察电动机有无"自转"现象。

（5）将控制电压相位改变 180°电角度，观察电动机转向有无改变。

2. 测定交流伺服电动机采用幅值控制时的机械特性和控制特性

（1）测定交流伺服电动机 $a=1$（即 $U_c=U_{cN}=220\text{V}$）时的机械特性。把测功机和交流伺服电动机同轴连接，调节三相调压器，使 $U_c=U_{cN}=220\text{V}$，保持 U_f、U_c 电压值，调节测功机负载，记录电动机从空载到接近堵转时的转速 n 及相应的转矩 T 数据 6～7 组，填入表 5-7 中。

表 5-7　　　　　交流伺服电动机机幅值控制机械特性实验数据（$a=1$）

序　号	1	2	3	4	5	6	7
n(r/min)							
T(N·m)							

(2) 测定交流伺服电动机 $a=0.75$ （即 $U_c=0.75U_{cN}=165V$） 时的机械特性。调节三相调压器，使 $U_c=0.75U_{cN}=165V$，保持 U_f、U_c 电压值，调节测功机负载，记录电动机从空载到接近堵转时的转速 n 及相应的转矩 T 数据 6～7 组，填入表 5-8 中。

表 5-8　　　　交流伺服电动机幅值控制机械特性实验数据 （$a=0.75$）

序　号	1	2	3	4	5	6	7
n(r/min)							
T(N·m)							

（3）测定交伺服电动机的控制特性：

1）保持电动机的励磁电压 $U_f=220V$ 不变，测功机不加励磁。

2）调节调压器，使电动机控制绕组的电压 U_c 从 220V 逐渐减小至 0V，记录电动机空载运行的转速 n 及相应的控制绕组电压 U_c 数据 6～7 组，填入表 5-9 中。

表 5-9　　　　交流伺服电动机幅值控制控制特性实验数据 （$T=0N·m$）

序　号	1	2	3	4	5	6	7
n(r/min)							
U_c(V)							

3）仍保持 $U_f=220V$，调节调压器使 U_c 为 220V，调节测功机负载，使电动机输出转矩 $T=0.03N·m$ 并保持不变。重复上述步骤，记录转速 n 及相应控制绕组电压 U_c 数据 6～7 组，填入表 5-10 中。

表 5-10　　　　交流伺服电动机幅值控制控制特性实验数据 （$T=0.03N·m$）

序　号	1	2	3	4	5	6	7
n(r/min)							
U_c(V)							

3. 用实验方法配堵转圆磁场

（1）按图 5-4 接线。其中，PA1、PA2 选用交流电流表 0.75A 档。PV1、PV2 和 PV3 选用交流电压表 300V 档。R_1 与 R_2 选用 MEL-04 中 90Ω 并联 90Ω，共 45Ω 阻值，并用万用表调定在 5Ω 阻值。可变电容选用电机电容箱。调压器 AV 选用 MEL-08 或单配。

（2）使电机堵转。

（3）接通交流电源，调节调压器 AV1、AV2 使 PV1、PV2 电压指示为 220V。

（4）改变电容 C_f （为 3～4μF），

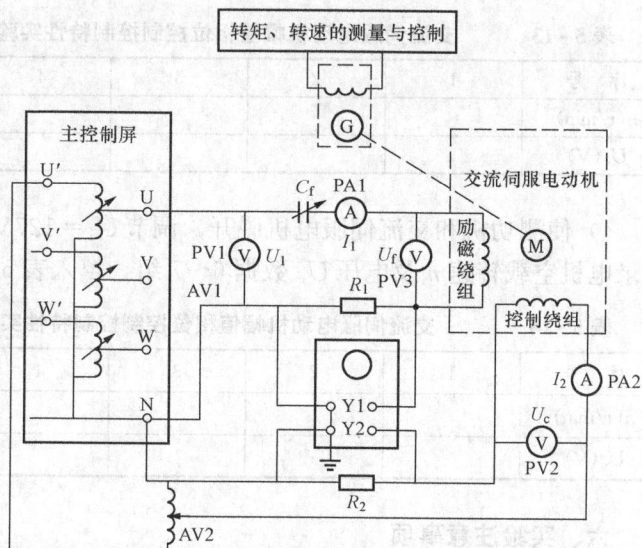

图 5-4　交流伺服电动机幅值—相位控制实验接线图

使 PA1、PA2 电流接近相等，示波器显示的两个电流波形相位相差 90°（或 Y2 改接 X 端子，示波器显示为圆图）。

4. 测定交流伺服电动机采用幅值—相位控制时的机械特性和控制特性

（1）测定机械特性：

1）仍按图 5 - 4 接线。接通交流电源，调节调压器 AV1，使 PV1 指示为 127V。

2）调节 AV2 使 PV2 指示为 220V。

3）保持 PV1、PV2 值不变，改变测功机负载，记录电机从空载到接近堵转时的转速 n 及转矩 T 数据 6～7 组，并填入表 5 - 11 中。

表 5 - 11　　　　交流伺服电动机机幅值相位控制机械特性实验数据（$U_c=220V$）

序　号	1	2	3	4	5	6	7
$n(r/min)$							
$T(N \cdot m)$							

调节 T_2 使 $U_c=0.75U_{cN}=165V$，重复上述实验，记录电机转速 n 及转矩 T 数据 6～7 组，填入表 5 - 12 中。

表 5 - 12　　　　交流伺服电动机机幅值相位控制机械特性实验数据（$U_c=165V$）

序　号	1	2	3	4	5	6	7
$n(r/min)$							
$T(N \cdot m)$							

（2）测定控制特性：

1）调节调压器 AV1，使 $U_1=127V$。

2）调节调压器 AV2，使 $U_2=220V$。

3）调节测功机负载使电机输出转矩 $T=0.03N \cdot m$，保持 $U_1=127V$ 及 $T=0.03N \cdot m$ 不变，逐渐减小 U_c 值，记录电机转速 n 及控制绕组电压 U_c 数据 6～7 组，填入表 5 - 13 中。

表 5 - 13　　　　交流伺服电动机幅值相位控制控制特性实验数据（$T=0.03N \cdot m$）

序　号	1	2	3	4	5	6	7
$n(r/min)$							
$U_c(V)$							

4）使测功机和交流伺服电机脱开，调节 $U_1=127V$，调节 $U_2=220V$，逐渐减小 U_c 值，记录电机空载转速 n 及电压 U_c 数据 6～7 组，填入表 5 - 14 中。

表 5 - 14　　　　交流伺服电动机幅值相位控制控制特性实验数据（$T=0N \cdot m$）

序　号	1	2	3	4	5	6	7
$n(r/min)$							
$U_c(V)$							

六、实验注意事项

（1）示波器两探头的地线应接中性线，X 踪和 Y 踪幅值量程应一致。

（2）隔离变压器输出的固定电压（V 相调压器的输入电压）U_{vN} 接至交流伺服电机的励磁绕组，三相调压器输出的线电压 U_{uw} 经过开关 S（MEL-05）接交流伺服电机的控制绕组。

七、实验报告要求

（1）根据幅值控制实验测得的数据作出交流伺服电动机的机械特性 $n = f(T)$ 和控制特性 $n = f(U_c)$ 曲线。

（2）根据幅值—相位控制实验测得的数据作出交流伺服电动机的机械特性曲线 $n = f(T)$ 和控制特性曲线 $n = f(U_c)$。

（3）回答思考题。

八、思考题

（1）交流伺服电动机是否存在自运转现象，如何消除？

（2）通过实验所测取的控制特性曲线，分析为了获得线性的控制特性可采取什么方法？

（3）试对比评价交流伺服电动机四种控制方式各有何优缺点。

实验三　步进电动机

一、实验目的

（1）加深了解步进电动机的驱动电源，以及步进电动机的工作情况。

（2）步进电动机基本特性的测定。

二、实验设备

（1）MEL 系列电机教学实验台主电源控制屏。

（2）电机导轨及测功机（MEL-13、MEL-14）。

（3）步机电机驱动电源（MEL-10）。

（4）步进电动机 M10。

（5）双踪示波器。

（6）直流电流表（MEL-06 或含在主控制屏）。

三、预习要点

（1）了解步进电动机的驱动电源和工作情况。

（2）步进电动机的基本特性有哪些？怎样测定？

四、实验原理

（1）步进电动机是一种将脉冲信号变换成相应的角位移（或线位移）的特殊电动机。当有脉冲输入，步进电动机一步一步地转动，每给它一个脉冲信号，它就转过一定的角度。步进电动机的角位移量和输入脉冲的个数严格成正比，在时间上与输入脉冲同步，因此只要控制输入脉冲的数量、频率及电动机绕组通电的相序，便可获得所需的转角、转速及转动方向。在没有脉冲输入时，在绕组电源的激励下气隙磁场能使转子保持原有位置处于定位状态。

（2）矩频特性是描述步进电动机连续稳定运行时，输出转矩与连续运行频率之间的关系。当步进电动机转动时，电动机各相绕组的电感将形成一个反向电动势，频率越高，反向电动势越大。于是电动机随频率（或速度）的增大而相电流减小，从而导致力矩下降，因此矩频特性为一下降的曲线。

（3）空载时，步进电动机由静止突然起动，并能不失步地进入正常运行所允许的最高频率，称为起动频率或突跳频率。若起动时步进电动机定子绕组通电状态变化频率大于起动频率，步进电机就不能正常起动。起动频率与负载惯量有关，一般说随着负载惯量的增长而下降。

（4）步进电动机连续运行时，它所能接受的（即保证不失步运行的）极限频率，称为最高连续工作频率。最高工作频率是决定定子绕组通电状态最高变化频率的参数，它决定了步进电动机的最高转速，其值远大于起动频率。最高工作频率随负载的性质和大小而异，与驱动电源也有很大关系。

（5）静力矩是指步进电动机通电但没有转动时，定子锁住转子的力矩，它是步进电动机最重要的参数之一。通常步进电动机在低速时的力矩接近保持转矩。由于步进电动机的输出力矩随速度的增大而不断衰减，输出功率也随速度的增大而变化，所以保持转矩就成为衡量步进电动机最重要的参数之一。

五、实验内容

1. 驱动波形观察

（1）合上控制电源船形开关，分别按下"连续"控制开关和"正转/反转"、"三拍/六拍"，"起动/停止"开关，使电动机处于三拍正转连续运行状态。

（2）用示波器观察电脉冲信号输出波形（CP波形），改变"调频"电位器旋钮，频率变化范围应不小于 $1\sim5\mathrm{kHz}$，可从频率计上读出此频率。

（3）用示波器观察环形分配器输出的三相 A、B、C 波形之间的相序及其与 CP 脉冲波形之间的关系。

（4）改变电动机运行方式，使电动机处于正转、六拍运行状态，重复步骤（3）。

（5）再次改变电动机运行方式，使电动机处于反转状态，重复步骤（3）。

2. 步进电动机特性的测定和动态观察

（1）按图 5-5 接线。

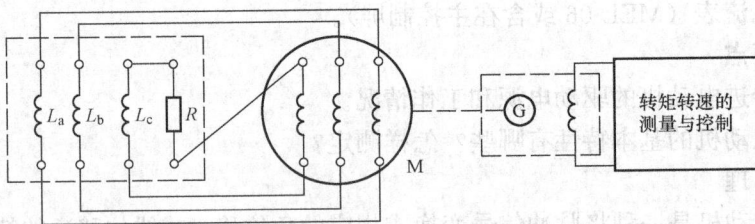

图 5-5　步进电动机实验接线图

（2）单步运行状态：

1）接通电源，按下"单步"琴键开关，"复位"按钮，"清零"按钮，最后按下"单步"按钮。

2）每按一次"单步"按钮，步进电动机将走一步距角，绕组相应的发光管发亮，不断按下"单步"按钮，电动机转子也不断作步进运行，改变电机转向，电机作反向步进运动。

（3）角位移和脉冲数的关系：

1）按下"置数"琴键开关，给拔码开关预置步数，分别按下"复位"、"清零"按钮，记录电机所处位置。

2）按下"起动/停止"开关，电动机运转，观察并记录电动机偏转角度，填入表 5 - 15 中。

3）再重新预置步数，重复观察并记录电动机偏转角度，填入表 5 - 15 中，并利用公式计算电动机偏转角度与实际值是否一致。

表 5 - 15　　　　　　　　　　步进电动机单步运行实验数据

序　号	预 置 步 数	实际转子偏转角度	理论电机偏转角度
1			
2			

（4）空载突跳频率的测定：

1）电动机处于连续运行状态，按下"起动/停止"开关，调节"调频"电位器旋钮使频率逐渐提高。

2）弹出"起动/停止"开关，电动机停转，再重新起动电动机，观察电动机能否运行正常。如正常，则继续提高频率，直至电动机不失步起动的最高频率，则该频率为步进电动机的空载突跳频率，记录下来。

（5）空载最高连续工作频率的测定。步进电动机空载连续运转后，缓慢调节"调频"电位器旋钮，使电动机转速升高，仔细观察电动机是否不失步，如不失步，则继续缓慢提高频率，直至电动机停转，则该频率为步进电动机最高连续工作频率，记录下来。

（6）转子振荡状态的观察。步进电动机脉冲频率从最低开始逐步上升，观察电动机的运行情况，有无出现电动机声音异常或电动机转子来回偏转，即出现步进电动机的振荡状态。

（7）定子绕组中电流和频率的关系：

1）电动机在空载状态下连续运行，用示波器观察取样电阻 R 波形，即为控制绕组电流波形，改变频率，观察波形的变化。

2）在停机条件下，将测功机和步进电动机同轴连接，起动步进电动机，并调节 MEL-13 的"转矩设定"电位器，观察定子绕组电流波形。

（8）平均转速和脉冲频率的关系。电动机处于连续运行状态下，改变"调频"旋钮，测量频率 f（由频率计读出）与对应的转速 n，取 4～5 组数据填入表 5 - 16 中。

表 5 - 16　　　　　　　　　　步进电动机平均转速与脉冲频率实验数据

序　号	f(Hz)	n(r/min)	序　号	f(Hz)	n(r/min)
1			4		
2			5		
3					

（9）矩频特性的测定：

1）电动机处于连续空载运行状态，缓慢顺时针调节"转矩设定"旋钮，对电动机逐渐增大负载，直至电动机失步，读出此时的转矩值。

2）改变频率，重复上述过程得到一组与频率 f 对应的转矩 T 值，取 4～5 组数据记录于表 5 - 17 中。

表 5-17　　　　　　　　　　　　**步进电动机矩频特性实验数据**

序　　号	f(Hz)	T(N·m)	序　　号	f(Hz)	T(N·m)
1			4		
2			5		
3					

（10）静力矩特性：

1）断开电源，将直流电流表（5A 量程档）串入控制绕组回路中，将"单步"控制琴键开关和"三拍/六拍"开关按下，用起子将测功机堵住。

2）合上船形开关，按下"复位"按钮，使 C 相绕组通电，缓慢转动步进电动机手柄，观察 MEL-13 转矩显示的变化，直至测功机发出"咔嚓"一声，转矩显示开始变小，记录变小前的力矩，即为对应电流 I 的最大静力矩 T_{max} 的值。

3）改变"电流调节"旋钮，重复上述过程，可得一组电流 I 值及对应的最大静力矩 T_{max} 值，即为 $T_{max} = f(I)$ 静力矩特性，可取 4~5 组数据记录于表 5-18 中。

表 5-18　　　　　　　　　　　　**步进电动机静力矩特性实验数据**

序　　号	I(A)	T_{max}(N·m)	序　　号	I(A)	T_{max}(N·m)
1			4		
2			5		
3					

六、实验注意事项

（1）每次改变电动机运行，均需先弹出"起动/停止"开关，再按下"复位"按钮，再重新起动。

（2）接线不可接错，测功机和步进电动机脱开，且接线时需断开控制电源。

（3）在进行"置数"、"清零"、"复位"等操作时，须让电动机处于停止状态。

（4）进行角位移和脉冲数关系实验时，若电动机处于失步状态，则数据无法读出，须调节"调频"电位器，寻找合适的电动机运转速度（可观察电动机是否能正常实现正反转），使电动机处于正常工作状态。

（5）进行静力矩特性实验时，为提高精确度，同一电流下可重复 3 次取其转矩的平均值。每次转动步进电动机手柄前，应先将测功机堵转起子拿出，待测功机回零后，再重新将起子插入测功机堵转孔中。

（6）步进电动机驱动系统中控制信号部分电源和功放部分电源是不同的，绝不能将电动机绕组接至控制信号部分的端子上，或将控制信号部分端子和电动机绕组部分端子以任何形式连接。

七、实验报告要求

（1）说明步进电动机处于三拍与六拍的不同状态时，驱动波形的特点。

（2）计算单步运行状态时的步距角。

（3）利用实验数据说明角位移和脉冲数的关系。

（4）空载突跳频率。

（5）空载最高连续工作频率。

（6）绘制平均转速和脉冲频率特性曲线 $n = f(f)$。

（7）绘制矩频特性曲线 $T = f(f)$。

（8）绘制最大静力矩特性曲线 $T_{\max} = f(I)$。

（9）回答思考题。

八、思考题

（1）影响步进电动机步距的因素有哪些？采用何种方法使步距最小？

（2）平均转速和脉冲频率的关系怎样？为什么特别强调是平均转速？

（3）通过所绘曲线说明最大静力矩特性的特点？

（4）如何对步进电动机的矩频特性进行改善？

实验四　正余弦旋转变压器

一、实验目的

（1）研究测定正余弦旋转变压器的空载输出特性和负载输出特性。

（2）研究测定二次侧补偿、一次侧补偿的正余弦旋转变压器的输出特性。

（3）了解正余弦旋转变压器的几种应用情况。

二、实验设备

（1）MEL 系列电机系统教学实验台主电源控制屏。

（2）旋转变压器实验仪。

（3）400Hz 稳压电源。

（4）三相可调电阻 900Ω（MEL-03）。

（5）波形测试及开关板（MEL-05）。

三、预习要点

（1）正余弦旋转变压器的工作原理。

（2）正余弦旋转变压器的主要特性及其实验方法。

（3）了解正余弦旋转变压器应用中的注意事项。

四、实验原理

（1）正余弦旋转变压器的作用是测量、传输或复现一个机械角度。其结构与绕线转子感应电动机相似，定、转子铁芯上各嵌有两个轴线互相垂直且对称的分布绕组。工作时，定子绕组接至交流电源，转子绕组作为输出绕组。输出特性指的就是转子绕组输出电压与转子回转角间的关系。空载时，输出特性呈正弦或余弦函数关系。

（2）正余弦旋转变压器有载时，负载电流将激励出作用在输出绕组的磁通，该磁通的直轴分量可被定子绕组中的电流补偿，但交轴分量 Φ_q 因与定子绕组正交无互感而不能被补偿，便会在输出绕组中产生另一感应电动势，使得输出特性发生畸变。所谓补偿就是减小或消除 Φ_q。

（3）线性旋转变压器的特性是输出电压与旋转角呈线性关系。正余弦旋转变压器在旋转角小于 $4.5°$ 时，输出特性近似为线性。当旋转角增大时，通过改变接线，可实现旋转角在 $\pm60°$ 范围内具有良好的线性输出特性。

五、实验内容

1. 测定正余弦旋转变压器空载时的输出特性

（1）按图 5 - 6 接线。

（2）将开关 S1、S2、S3 均断开。

（3）定子励磁绕组 D1、D2 两端施加额定电压 U_N（60V、400Hz）且保持恒定。

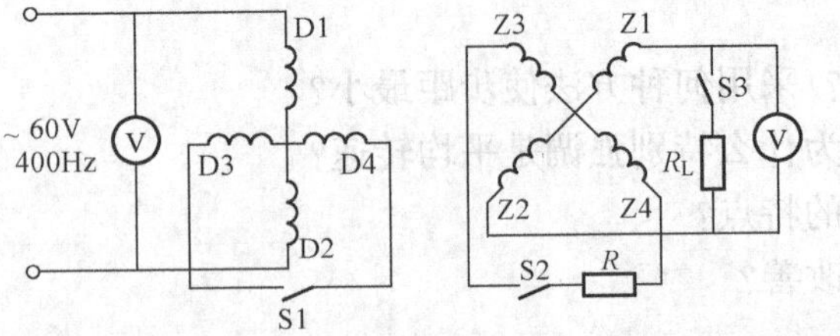

图 5 - 6　正余弦旋转变压器空载及负载实验接线图

（4）用手柄缓慢旋转刻度盘，找出正弦输出绕组输出电压为最小值的位置，此位置即为起始零位，使刻度盘的 0°对准该起始零位位置。

（5）观察 0～180°刻度盘，每转 10°，测量转子正弦空载输出电压 U_{r10} 的数值并记录于表 5 - 19 中。

表 5 - 19　　　　　　　　　　正余弦旋转变压器空载输出特性实验数据

α(deg)	0	10	20	30	40	50	60	70	80	90
U_{r10}(V)										
α(deg)	100	110	120	130	140	150	160	170	180	
U_{r10}(V)										

2. 测定负载对输出特性的影响

（1）在接线图 5 - 6 中，把开关 S3 闭合，开关 S1、S2 仍打开，使正余弦旋转变压器带负载电阻 R_L 运行。

（2）按上述实验内容 1 的方法测量正弦负载输出电压 U_{r1} 的数值并记录于表 5 - 20 中。

表 5 - 20　　　　　　　　　　正余弦旋转变压器有载运行输出特性实验数据

α(deg)	0	10	20	30	40	50	60	70	80	90
U_{r1}(V)										
α(deg)	100	110	120	130	140	150	160	170	180	
U_{r1}(V)										

3. 测量二次侧补偿后带负载运行时的输出特性

（1）在接线图 5 - 6 中，开关 S1 断开，S3 闭合接通负载电阻 R_L，S2 闭合，使二次侧余弦输出绕组 Z_3、Z_4 经补偿电阻 R 闭合。

（2）仍按上述实验内容 1 的方法测量正弦负载输出电压 U_{r1} 的数值并记录于表 5 - 21 中。在实验时注意一次侧输入电流的变化。

表 5 - 21　　　　　二次侧补偿后正余弦旋转变压器有载运行输出特性实验数据

α(deg)	0	10	20	30	40	50	60	70	80	90
U_{r1}(V)										
α(deg)	100	110	120	130	140	150	160	170	180	
U_{r1}(V)										

4. 测量一次侧补偿后带负载运行时的输出特性

（1）在接线图 5-6 中，将开关 S2 断开，S3 闭合，接通负载电阻 R_L。并将 S1 闭合，使一次侧接成补偿电路。

（2）按上述实验 1 的方法测量正弦负载输出电压 U_{r1} 的数值并记录于表 5-22 中。在实验中注意一次侧输入电流的变化。

表 5-22   一次侧补偿后正余弦旋转变压器有载运行输出特性实验数据

α(deg)	0	10	20	30	40	50	60	70	80	90
U_{r1}(V)										
α(deg)	100	110	120	130	140	150	160	170	180	
U_{r1}(V)										

5. 正余弦旋转变压器作线性应用

接线如图 5-7 所示。仍按上述实验内容 1 的方法，在 0°～90°间，每转 10°记录输出电压 U_r 与转角 α 的数值并记录于表 5-23 中。

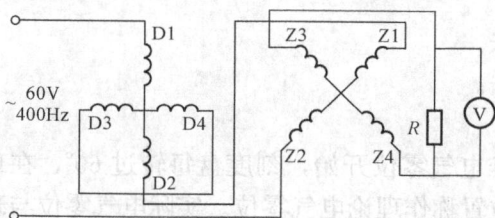

图 5-7   正余弦旋转变压器作线性应用实验接线图

表 5-23   正余弦旋转变压器线性应用实验数据

α(deg)	0	10	20	30	40
U_r(V)					
α(deg)	50	60	70	80	90
U_r(V)					

六、实验注意事项

（1）实验电路中，R、R_L 均采用 MEL-03 上两 900Ω 电阻串联，总阻值为 1800Ω，并调定在 1200Ω 的大小上。

（2）实验电路中，D1D2 为励磁绕组，D3D4 为补偿绕组，Z1Z2 为余弦绕组，Z3Z4 为正弦绕组。注意接线的正确。

七、实验报告要求

（1）根据表 5-19 的实验记录数据，绘制正余弦旋转变压器空载时输出电压 U_{r10} 与转子转角 α 的关系曲线，即 $U_{r10} = f(\alpha)$。

（2）根据表 5-20 的实验记录数据，绘制带负载运行时的输出电压 U_{r1} 与转子转角 α 的关系曲线，即 $U_{r1} = f(\alpha)$。

（3）根据表 5-21 的实验记录数据，绘制二次侧补偿后带负载运行时的输出电压 U_{r1} 与转子转角 α 的关系曲线，即 $U_{r1} = f(\alpha)$。

（4）根据表 5-22 的实验记录数据，绘制一次侧补偿后带负载运行时的输出电压 U_{r1} 与转子转角 α 的关系曲线，即 $U_{r1} = f(\alpha)$ 特性。

（5）根据表 5-23 的实验结果，绘制一次侧补偿的线性旋转变压器带负载时的输出电压 U_r 与转子转角 α 的关系曲线，即 $U_r = f(\alpha)$ 特性。分析正余弦旋转变压器作一次侧补偿线性旋转变压器运行情况。

（6）回答思考题。

八、思考题

(1) 说明正余弦变压器两种补偿方法的原理。

(2) 分析线性旋转变压器能否通过二次侧补偿来实现？

实验五　力矩式自整角机

一、实验目的

(1) 了解力矩式自整角机精度和特性的测定方法。

(2) 掌握力矩式自整角机系统的工作原理和应用知识。

二、实验设备

(1) MEL 系列电机系统教学实验台主电源控制屏。

(2) 自整角机实验仪。

三、预习要点

(1) 力矩式自整角机的工作原理。

(2) 力矩式自整角机精度与特性的测试方法。

(3) 力矩式自整角机比整步转矩的测量方法。

四、实验原理

(1) 力矩式自整角机发送机励磁后，从基准电气零位开始，刻度盘每转过 60°，在理论上整步绕组中有一线间电动势为零的位置，此位置称作理论电气零位。实际电气零位与理论电气零位有差异，该差值称为零位误差。力矩式自整角机发送机的精度由零位误差决定。

(2) 在力矩式自整角系统中，整步绕组与励磁绕组不在一个方向上（整步绕组轴线与励磁绕组轴线间的夹角称作失调角），这样它们激励的磁场相互作用产生整步转矩。该力矩的大小与失调角的正弦值成正比，其作用是使转子朝消除失调角的方向旋转。单位失调角所产生的整步转矩称为比整步转矩。比整步转矩可利用整步转矩比两倍指针偏转角计算，比整步转矩越大，则系统越灵敏，精度越高。

(3) 在力矩式自整角机系统中，静态协调时接收机与发送机转子转角之差即为静态误差。静态误差的产生是由于存在摩擦转矩，当电磁转矩随失调角减小而减小到等于或小于摩擦转矩时，接收机的转子就停转了，也就是说，均衡电流未下降到零时接收机转子就停转了。这说明接收机转子的偏转角与发送机转子的偏转角还有一定的偏差，即仍存在失调角，此时的失调角即为静态误差角。静态误差角越小，力矩式自整角机的精度越高。

(4) 阻尼时间是指在力矩式自整角系统中，接收机自失调位置至协调位置，达到稳定状态所需时间。

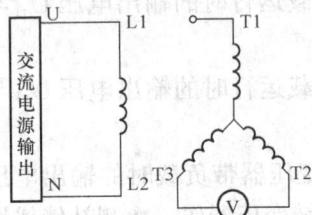

图 5-8　力矩式自整角机零位误差测量实验接线图

五、实验内容

1. 测定力矩式自整角发送机的零位误差

(1) 按图 5-8 接线。

(2) 励磁绕组 L1L2 两端施加额定励磁电压 U_N（220V）；将整步绕组 T2T3 端接数字式交流电压表，测输出电压。

(3) 旋转刻度盘，找出输出电压为最小的位置作为基准电气零位。从基准电气零位开始，刻度盘每转过 60°，整步绕组中有一理论电气零位。整步绕组三线间共有六个零位。实验时，对应 T2T3，转子从基准电气零位正方向转动 0°、180°，则 T3T1 转至 60°、240°，T1T2 转至 120°、300°。测定整步绕组三线间 6 个输出电压为最小值时的相应位置角度与电气角度，并记录于表 5 - 24 中。

表 5 - 24　　力矩式自整角发送机零位误差实验数据　　(deg)

理论上应转角度	基准电气零位	+180	+60	+240	+120	+300
刻度盘实际转角度						
误　差						

2. 测定静态整步转矩与失调角的关系

(1) 按图 5 - 9 接线。

(2) 将发送机和接收机的励磁绕组加额定励磁电压 220V，待稳定后，把发送机和接收机调整在 0°位置，固定发送机刻度盘在该位置不动。

(3) 在接收机的指针圆盘上吊砝码，记录砝码重量及接收机指针偏转角度。

(4) 增加砝码，逐次记录砝码重量及接收机转轴偏转角度。在偏转角 θ 从 0°～90°之间取 8～9 组数据，记录于表 5 - 25 中。

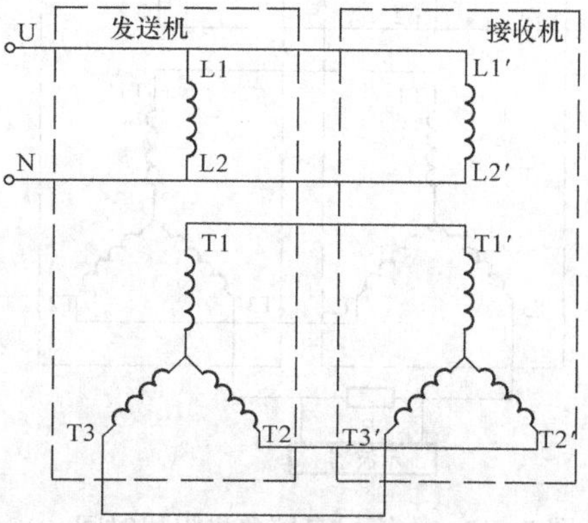

图 5 - 9　测定力矩式自整角机矩角
特性实验接线图

表 5 - 25　　测定静态整步转矩与失调角关系实验数据

T^*(g・cm)									
θ(deg)									

* 砝码重量与圆盘半径的乘积，圆盘半径为 2cm。

3. 力矩式自整角机比整步转矩 T_0 的测定

(1) 测定发送机或接收机的比整步转矩时，可将电机安装在分度盘上，轴伸端紧固带有指针的圆盘，在励磁绕组 L1L2 两端上施加额定电压。

(2) 按图 5 - 9 接线，将接收机整步绕组 T1、T3 端短接，用细线将适当重量的砝码绕挂在指针圆盘上，使指针偏转 5°左右，测得比整步转矩。

(3) 正、反两个方向各测一次，两次测量的平均值应符合标准规定。

4. 测定力矩式自整角机的静态误差

实验接线仍见图 5 - 9。将发送机和接收机的励磁绕组加额定励磁电压 220V，待稳定后，把发送机和接收机调整在 0°位置，缓慢旋转发送机刻度盘，每转过 20°，测取接收机实际转过的角度，并记录于表 5 - 26 中。

表 5 - 26　　力矩式自整角机静态误差实验数据　　(deg)

发送机转角	0	20	40	60	80	100	120	140	160
接收机转角									
误　差									

发送机转角	180	200	220	240	260	280	300	320	340
接收机转角									
误　差									

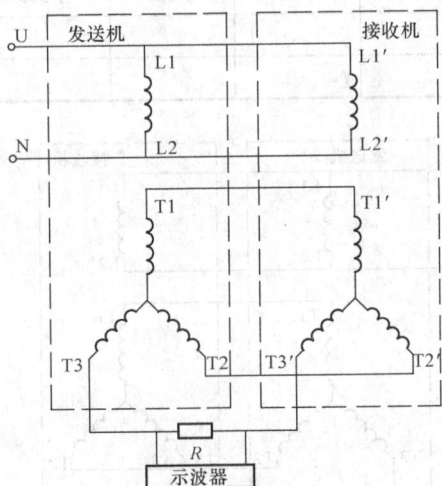

图 5-10　力矩式自整角机阻尼时间
测量实验接线图

5. 阻尼时间的测定

（1）按图 5-10 接线。

（2）在发送机和接收机的励磁绕组 L1L2 两端施加额定电压。

（3）使发送机的刻度盘和接收机的指针指在 0°位置；固定发送机转轴不动，用手旋转接收机指针圆盘，使系统失调角为 177°。

（4）松手使接收机趋于平衡位置，用数字示波器拍摄（或慢扫描示波器观察）取样电阻两端的电流波形，测得阻尼时间 t_n。

六、实验注意事项

（1）力矩式自整角发送机的精度由零位误差来确定。测算零位误差时机械角度超前为正误差，滞后为负误差，取其正、负最大误差绝对值之和的一半，此误差值即为发送机的零位误差 $\Delta\theta_0$。

（2）测定静态整步转矩与失调角关系的实验完毕后，应先取下砝码，再断开励磁电源。

（3）测算接收机的静态误差时接收机转角超前为正误差，滞后为负误差，正、负最大误差绝对值之和的一半为力矩式接收机的静态误差。

七、实验报告要求

（1）根据实验结果，求出力矩式自整角发送机的零位误差 $\Delta\theta_0$。

（2）作出静态整步转矩与失调角的关系曲线 $T = f(\theta)$。

（3）根据实验结果计算出力矩式自整角机的比整步转矩 T_θ 的数值。

（4）此次实验所用接收机的阻尼时间 t_n 的实测数值是多少？

（5）根据实验结果，求出被试力矩式自整角接收机的静态误差 $\Delta\theta_{jt}$。

（6）回答思考题。

八、思考题

力矩式自整角机中，如果将发送机（或接收机）的励磁绕组极性接反，这时发送机和接收机转子的协调位置有何特点？

实验六　控制式自整角机参数的测定

一、实验目的

（1）通过实验测定控制式自整角机的主要技术参数。

（2）掌握控制式自整角机的工作原理和运行特性。

二、实验设备

（1）MEL 系列电机系统教学实验台主电源控制屏。

（2）自整角机实验仪。

三、预习要点

（1）控制式自整角机的工作原理和运行特性。

（2）控制式自整角机的主要技术指标。

四、实验原理

控制式自整角机又称自整角变压器。其接收机轴上不直接带负载，利用接收机整步绕组激励的磁场在励磁绕组中产生感应电动势，进而输出和失调角呈余弦函数关系的交流电压，实现角度跟踪。控制式自整角机在失调角为 1°时的输出电压称为比电压。

五、实验内容

1. 测定控制式自整角机输出电压与失调角的关系

（1）按图 5-11 接线。

（2）在自整角发送机的 L1L2 绕组两端施加额定电压 U_N。

（3）旋转发送机刻度盘至 0°位置并固定不动。

（4）用手缓慢旋转自整角变压器的指针圆盘，接在 L1、L2′ 两端的数字电压表就会有相应读数，找到输出电压为最小值的位置，即为起始零点。

（5）旋转控制式自整角机的指针圆盘，每转过 10°测量一次控制式自整角机输出电压 U_2。并将各点 U_2 及 θ 值记录于表 5-27 中。

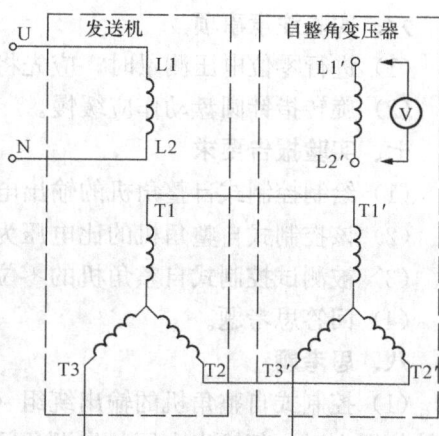

图 5-11 控制式自整角机压角特性测定实验接线图

表 5-27　控制式自整角机输出电压与失调角关系实验数据

θ(deg)	0	10	20	30	40	50	60	70	80	90
U_2(V)										
θ(deg)	100	110	120	130	140	150	160	170	180	
U_2(V)										

2. 测定比电压 U_θ

按图 5-11 接线，用手缓慢旋转控制式自整角机的指针圆盘，使指针转过起始零点 5°，在这位置记录控制式自整角机的输出电压 U_2 值。计算失调角为 1°时的输出电压，即为比电压。

3. 测定零位电压 U_0

（1）按图 5-12 接线。

（2）将调压器调在输出电压为最小值位置，把绕组 T3′、T2′ 两端点短接。

（3）接通交流电源，调节调压器使输出电压为 36V 并保持不变。

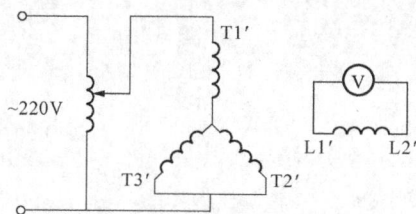

图 5-12 控制式自整角机零位电压测量实验接线图

（4）用手缓慢旋转指针圆盘，找出控制式自整角机输出电压为最小的位置，即为基准电气零位。指针转过 $180°$，找出零位电压位置。

（5）改接相应的绕组端点（使 T3′、T1′短接，T1′、T2′短接）找出输出零位电压的位置。测取六个位置的零位电压值，并记录于表 5 - 28 中。

表 5 - 28　　　　　　　　　控制式自整角机零位电压实验数据　　　　　　　　　（deg）

绕 组 接 法	T′3T′2 短接		T′1T′3 短接		T′1T′2 短接	
理论零位电压位置	0	180	60	240	120	300
实际刻度值						
零位电压大小						

六、实验注意事项

（1）进行零位电压测量时，应先将调压器输出调至最小。

（2）旋转指针圆盘动作应缓慢。

七、实验报告要求

（1）绘制控制式自整角机的输出电压与失调角的关系曲线 $U_2 = f(\theta)$。

（2）该控制式自整角机的比电压为多少？

（3）被测试控制式自整角机的零位电压数值为多少？

（4）回答思考题。

八、思考题

（1）控制式自整角机的输出绕组（即接收机的励磁绕组）如果不摆在横轴位置上而摆在纵轴位置上时，其输出电压与失调角间是什么关系？

（2）控制式自整角机的比电压是大些好还是小些好？

（3）为何力矩式自整角机多采用凸极式结构，而控制式自整角机则多采用隐极式结构？

（4）实际使用控制式自整角机时，为何总是预先把转子从协调位置转动 $90°$ 电角度？

附录　MEL-Ⅱ型电机系统教学实验台的使用

一、概述

MEL-Ⅱ型电机系统教学实验台通过调压器输出单相或三相连续可调的交流电源。实验时所需的仪表，可调电阻器、可调电抗器和开关箱等组件在实验台上可任意移动，组件内容可以根据实验要求进行搭配。电压、电流分别通过指针式和数字式仪表同时读取。被试电机可以根据不同的实验内容进行更换，为了达到实验时机组安装方便和快速的要求，实验台的各类电机均设计成具有相同的中心高度。同时，各电机的底脚采用了与普通电机不同的特殊结构形式。这样，在机组安装时将各电机之间通过联轴器同轴连接，被试电机的底脚安放在电机工作台的导轨上，只要旋紧两只底脚螺钉，不需做任何调整，就能准确保证各电机之间的同心度，达到快速安装的目的。当测量被试电动机输出转矩时，可从测功机力矩显示窗中直接读取。被试电机的转速是通过与测功机同轴连接的直流测速发电机来测量的，转速高低可以从转速表直接读取。

二、主要结构部件

1. 主电源控制屏

主电源控制屏面板见附图1。当主电源开关拨向上时，红色指示灯亮，主电源控制屏接通电网；当开关拨向下时，断开控制屏电源。漏电保护器用以保护实验者的人身安全。当按下主电源控制开关时，红灯灭绿灯亮，主电路接触器闭合，接通三相交流电源。电压表显示实验台交流电源输出的线电压，三相调压器的容量为1.5kVA，可调节单相或三相电压输出，输出线电压为0~430V连续可调。按下交流电源断开开关按钮时，绿灯灭红灯亮，表明三相交流电源U、V、W无电压输出。

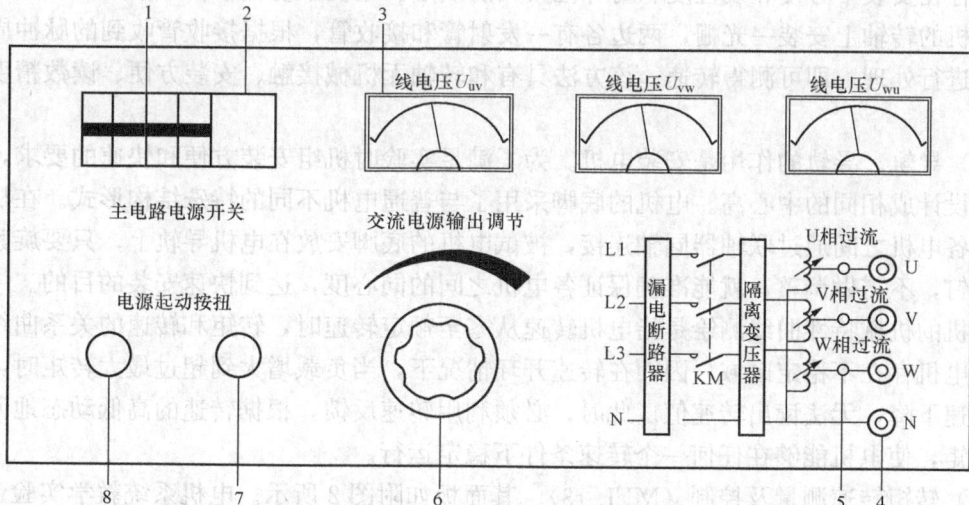

附图1　主电源控制屏面板图

1—主电源开关；2—漏电保护器；3—电压表；4—三相交流电源；5—过电流指示；
6—调压器；7—主电源控制开关；8—交流电源断开开关

2. 测功机组件

测功机组件含转矩转速测量及控制（MEL-13）、电机导轨及测功机两部分，主要完成对电机进行加载、测量电机的转矩、测量电机的转速和对异步电机进行机械特性曲线测绘等四个功能。

（1）涡流测功机。涡流测功机的实心圆盘与它的转轴由被试电动机驱动，磁极、励磁绕组、指针和转轴为一个整体。当励磁绕组通过直流电流后，磁极产生的磁通经气隙、钢盘回到相邻的磁极而闭合。被试电动机带动钢盘旋转切割磁力线，在钢盘中产生涡流，此涡流与磁场相互作用产生电磁转矩（制动转矩），则磁极将受到与此制动转矩大小相等方向相反的电磁转矩，使磁极顺电机旋转方向偏转一角度，并与平衡钟随之偏转而产生的转矩相平衡。于是指针在刻度盘上指示转矩值，改变励磁电流，即可改变制动转矩，而被试电动机负载也随之改变。

涡流测功机结构简单、调节方便、运行稳定，但输入钢盘的大部分动能由涡流损耗转换成热能。此热量主要散发在周围空气中，一部分被钢盘及轴承吸收，将使钢盘、轴承等温度升高。因此，涡流测功机运行时要采取散热措施。此外，当转速很小时制动转矩很小，所以涡流测功机不能测量低速电动机转矩和电机的堵转矩。

利用测功机可进行加载并进行转矩测量。测功机是一台定、转子均可转动的异步电机，它既可以做异步电动机运行，也可以作测功机用。作为测功机用时，定子绕组施加直流电压产生恒定磁场，当被试电动机拖动异步电机旋转时，转子将产生制动性质的电磁转矩，异步电机处于制动状态。若在异步电机定子上配备测力装置，即可测得被试电动机输出转矩，该测功机的优点是无电刷以及不需要外接电阻负载。当改变施加在测功机上的直流励磁电压时，电磁转矩就随着变化，即被试电动机的负载大小就发生改变。在测功机的下部安装一个电阻应变式压力传感器，根据压力传感器输出力的大小即可得出力矩的值。

转速的测量可采用永磁直流测速发电机和光电编码器。测速发电机的优点是信号处理简单，但存在安装不方便和线性度、对称性较大的缺陷。电机系统教学台中采用光电码盘，即在测功机的转轴上安装一光栅，两边各有一发射管和接收管，根据接收管收到的脉冲周期用单片机进行处理，即可测得转速。该方法具有和转轴无机械接触、安装方便、读数精度高等优点。

（2）导轨。导轨的作用是安装电机。为了满足实验时机组安装方便和快速的要求，被试电机均设计成相同的中心高。电机的底脚采用了与普通电机不同的特殊结构形式。在机组安装时，各电机之间通过联轴器同轴连接，被试电机的底脚安放在电机导轨上，只要旋紧两只底脚螺钉，不需做调整，就能准确保证各电机之间的同心度，达到快速安装的目的。

电机的机械特性曲线测绘是指电机转速从零至额定转速时，转矩和转速的关系曲线。由于交流电机存在不稳定区域，因而在转速开环情况下，当负载增大到超过最大转矩时，电机转速迅速下降，无法读出转速值。此时，必须利用转速反馈，根据转速的高低动态地调整加载的转矩，使电机能够在任何一个转速条件下稳定运行。

（3）转矩转速测量及控制（MEL-13）。其面板如附图 2 所示。电机系统教学实验台转速的测量采用光电码盘，用单片机进行处理，计算脉冲的宽度，即可测得转速。较早的测速是采用永磁直流测速发电机，将测速发电机输出的电压通过限流电阻接到直流电流表上，就构成了测量电机转速的转速表。转速模拟量输出是将脉冲信号经过 D/A 转换后进行滤波输出，幅值为 0～±10V。测功机进行加载时，测功机的定子将反向偏转一角度，通过电阻应变式压力传感器测出力的大小，进行换算后，可显示转矩大小。"转速设定"电位器可对电机转速进行控制，顺时针转到底，转速最高。航空插座与测功机相连，提供测功机所需的励磁电流以及转速、转矩反馈信号。对于突加突减负载开关，当开关往下扳时，电机处于空载状态，当开关往上扳时，负载的大小由转矩设定电位器和转速设定电位器进行控制。

目前，实验台上加载采用两种方式：

1) 自耦调压器的输出电压经过整流向测功机励磁绕组提供电流。通过改变自耦调压器的输出电压，也就改变了测功机励磁电流，从而改变输出转矩。

2) 采用电流源控制。采用电流源控制后，易于实现转速的闭环调节，即使在电机转速的不稳定区域也能保持电机转速稳定，从而测出电机的机械特性曲线，存在的缺点是对异步电机而言，存在较大的加载死区。采用电流源控制的操作方法如下：

a. 将电机导轨及测功机的信号线通过一塑料软管与 MEL-13 相连。MEL-13 挂件的电源和交流220V 相连。将 MEL-13 的转矩控制和转速控制选

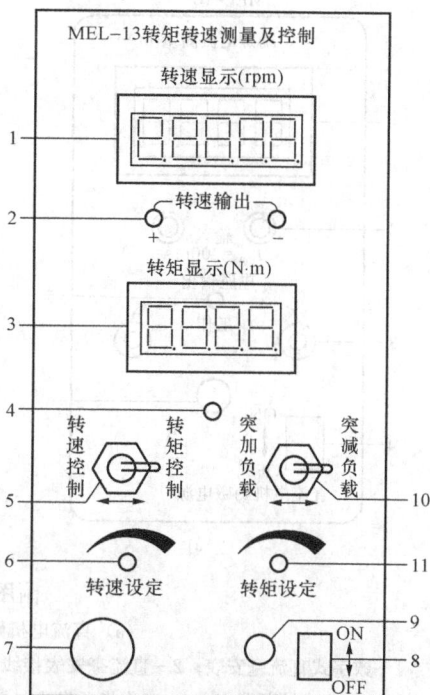

附图 2　测功机转速转矩测量面板图
1—转速表；2—转速模拟量输出；3—转矩显示；
4—转矩调零电位器；5—转矩控制和转速控制
选择开关；6—转速设定电位器；7—航空插座；
8—电源控制船形开关；9—熔断器座；
10—突加突减负载开关；
11—转矩设定电位器

择开关打向"转矩控制"，起动电机，则通过调节"转矩设定"电位器，即可方便地对被试电机进行加载试验。可分别从上、下两个数显窗中读出转速和转矩值。将"转矩设定"逆时针旋到底，被试电动机的负载为零；顺时针转动，被试电动机负载增加。当需要测取电动机的堵转转矩时，可在测功机定子销紧孔中插入一根圆棒，将测功机定、转子销住，即可测取堵转转矩。

b. 将 MEL-13 的转矩控制和转速控制选择开关打向"转速控制"，则通过调节转速设定电位器，使电机可稳定地运行于任何一转速（最低转速为 300r/min 左右），从而可通过测量转矩、转速画出电机的机械特性曲线。

3. 仪表屏

MEL-Ⅱ型电机系统教学实验台同时提供了三组指针式模拟仪表与三组智能型数字仪表。两种表同时接入，量程可自动也可手动选择，两块功率表单独放在一个挂件上。所有仪表具有过压、过流、错接线路不损坏仪表等功能。

4. 220V 直流稳压电源和直流电机励磁电源

实验台提供两组直流电源，分别是供直流电机励磁绕组用的直流电机励磁电源及供电枢绕组用的可调直流稳压电源。直流电源面板见附图3。

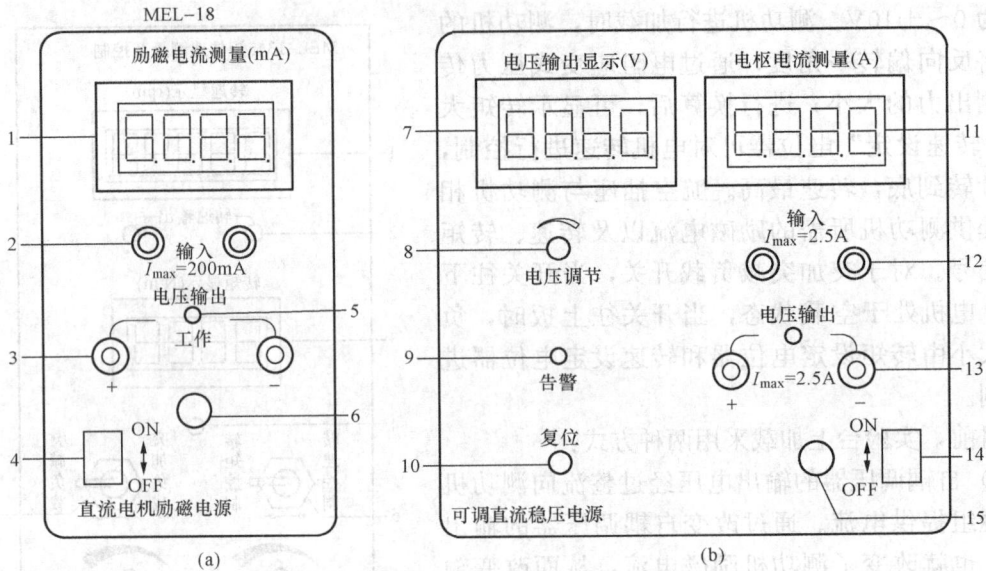

附图3 直流电源面板图

(a) 直流电机励磁电源；(b) 可调直流稳压电源

1—数字式直流毫安表；2—直流毫安表接线柱；3—直流励磁电源输出接线柱；4，14—电源控制船形开关；
5，15—熔断器座；6—工作指示发光二极管；7—数字式直流电压表；8—直流电压幅度调节电位器；
9—过流指示发光二极管；10—复位按钮；11—数字式直流电流表；12—电流表输入接线柱；
13—直流电源输出接线柱

可调直流稳压电源具体技术指标：输出电压为 $90\sim250$V 连续可调；输出电流为 $I_{max}=2$A；负载调整率不大于 1V。电源带有完善的过压、过流保护措施，以确保学生误操作时不至于损坏电源。一旦输出发生短路，过流保护动作，自动切断功率场效应管的脉冲信号，从而保护功率器件；只需按下复位按钮，就可重新建立电压。可调直流稳压电源的电压输出端子只能用作电压输出，不能作为测试端输入电压。正常工作时，绿色发光二极管亮；过载后，红色告警发光二极管亮。电压调节电位器逆时针旋到底，输出电压最低不大于 90V，顺时针旋转，电压逐渐提高。可调直流稳压电源带有电压表和电流表，其中电压表内部已接好，直接指示输出电压；电流表的输入信号根据实验内容而定，可用作该装置的电流测量显示，也可用作外接电路电流的测量显示。

220V直流电机励磁电源提供 $220\sim230$V/0.5A 的直流电源，供直流电机励磁绕组使用。其电压输出端子只能输出电压，不能作为测试端输入电压，工作时工作指示灯亮。配置的直流毫安表即可用作直流电机励磁电源的电流测量显示；也可用作外接电路电流的测量显示，用作外接时注意电流不要超过 200mA。直流毫安表电源受可调直流稳压电源控制。

5. 同步电机励磁电源

同步电机励磁电源面板见附图4。同步电机励磁电源属电流源，其调节范围为 $0\sim2.5$A，最大输出电压为 24V，带三位半数显监视输出电流，并具有开路保护功能。此电流输出显示只能供该装置使用，不可用作外接。电流调节顺时针增大，工作时工作指示灯亮；当告警时，可按下复位按钮即可正常工作。

6. 直流电压表、电流表、毫安表（MEL-06）

该实验台的直流仪表均采用数字式显示。电压表量程分 2、20V 和 300V 三档，直流毫安表量程分 2、20mA 和 200mA 三档，直流电流表量程分 2A 和 5A 两档。数字式仪表显示的数值为平均值，但由于告警电路是根据输入的最大值来整定的，因而当输入直流脉动电压或电流时，虽然显示未超量程，但告警线路仍可能工作。设有过量程保护电路，一旦输入电压超过量程的 5%～10%，则仪表告警，同时告警指示发光二极管发亮。当故障排除后，按下复位按钮，仪表恢复正常工作。

7. 三相可变电阻器

三相可变电阻分 MEL-03、MEL-04 两种。每相有两只电阻，每只电阻可调范围为 0～900Ω（或 0～90Ω），允许电流为 0.41A（或 1.3A）。两只电阻作为可变电阻使用时可有串联或并联两种连接方法。电阻串联接法如附图 5 所示，将 A₃ 接线柱不用，A1A2 两接线柱之间电阻可调范围为 0～1800Ω。电阻并联接法如附图 6 所示，将 A1 与 A2 短接，A1A3 两接线柱之间电阻可调范围为 0～450Ω。

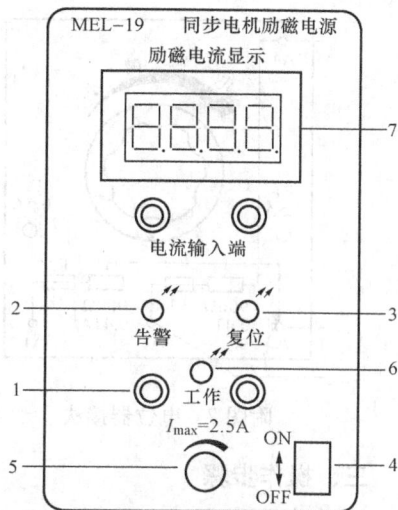

附图 4　同步电机励磁电源面板图
1—励磁电源输出接线柱；2—告警发光二极管；3—复位按钮；4—电源控制船形开关；5—电流调节电位器；6—工作发光二极管；7—直流电流表

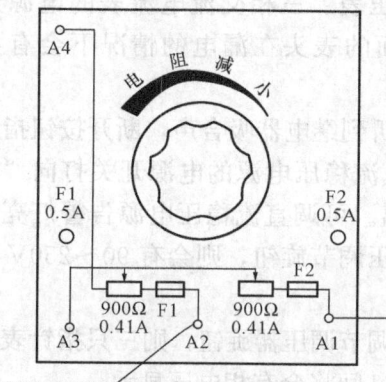

附图 5　电阻串联接法

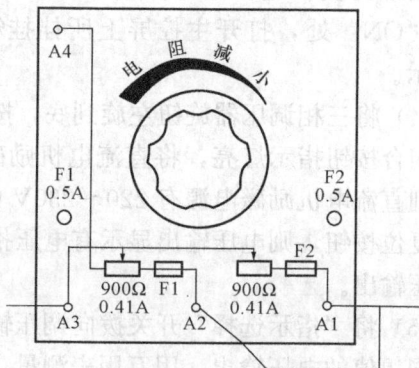

附图 6　电阻并联接法

由于实验的需要，每相两只电阻除了作可变电阻使用外，还可采用电位器接法做分压器用。例如他励直流电机励磁电压调节就是采用电位器接法。作分压器时可以单只使用，也可并联使用。电位器接法如附图 7 所示，固定电压施加在 A2、A4 端，而可变电压可以从 A3、A2（或 A3、A4）端引出。每只电阻间串有熔断器，实验时应注意电流不可超过熔断器允许的最大电流值。

8. 三相可变电抗器

三相可变电抗器面板如附图 8 所示。每相可变电抗均由一只 250VA 自耦变压器和一个 1.08H 的固定线电抗器所组成。其中自耦变压器允许最大电压为 250V，最大电流为 0.45A，电抗器允许最大电流为 0.5A。当固定电抗器 L1 和 X 接线柱分别与自耦变压器的 a 和 x 接线柱相连接时，移动自耦变压器触点 a，从 A 和 x 两端引出电抗即可改变。

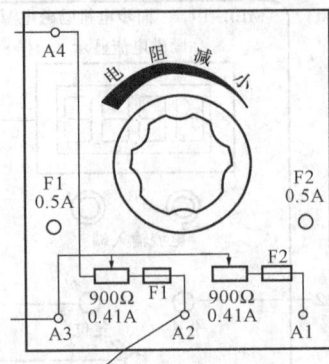

附图 7　电位器接法

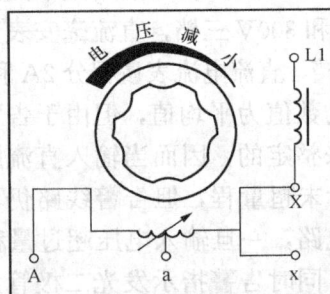

附图 8　三相可变电抗器面板图

三、操作步骤

1. 上电步骤

(1) 合上漏电保护器。

(2) 把日光灯开关打向照明，看到日光灯会被点亮。

(3) 把总电源开关打向"开"的位置，断开指示灯亮。控制屏上所有单相电源插座有交流 220V 电压输出，把"指示选择"开关打向电网电压侧，则三只指针表应有 380V 电压指示。这时，若将同步电机励磁电源的电源开关打向"ON"处，则此设备工作指示灯亮，电流输出显示为 0；若将三相交流电压表、三相交流电流表的电源开关打向"ON"处，打开主控屏上所挂挂箱的电源，上面的表头在漏电的情况下会有显示或指示。

(4) 将三相调压器旋钮左旋到底，按下闭合按钮，听到继电器吸合声，断开按钮指示灯灭，闭合按钮指示灯亮，将直流电机励磁电源和可调直流稳压电源的电源开关打向"ON"处，则直流电机励磁电源有 220～230V 的直流电压输出。可调直流稳压电源告警灯亮，若按下复位按钮，则电压输出显示有电压指示，当调节电压调节旋钮，则会有 90～250V 的直流电压输出。

(5) 将"指示选择"开关拨向调压输出侧，顺时针调节调压器旋钮，则三只指针表将会有相同幅值的电压输出，用万用表测量，U、V、W 与 N 间将会有相电压显示。

(6) 若需做实验，可按实验教程上所要求来做。

2. 断电步骤

(1) 按下断开按钮，断开指示灯亮，将所有实验挂箱及仪表电源开关打向"OFF"处，关闭日光灯。

(2) 把钥匙开关打向关的位置。

(3) 断电漏电保护器。

四、注意事项

(1) 测功机只能输出信号，不能外接输入。

(2) 电阻盘转动不要用力过猛，以免损坏电阻盘。

(3) 电机与导轨连接时不要用力过猛，一定要连上橡皮连接头，加上固定螺丝。

(4) 仪表使用时注意量程选择，防止乱告警。

（5）当电路告警或换做实验时，交流电源调节从零开始调。

（6）励磁电源不要和直流稳压电源混淆，以免损坏设备。

（7）设备中若有熔断器烧坏，可用同规格熔断器换上，不可过大或过小。

（8）挂箱搬动要轻拿轻放，因为里面有些电路板是插板式，以免松动。

（9）烙铁不要放在实验桌及主控屏上，以免烧坏实验桌和主控屏。

参 考 文 献

[1] 徐德淦. 电机学. 北京：机械工业出版社，2004.

[2] 汤蕴璆，史乃. 电机学. 2 版. 北京：机械工业出版社，2005.

[3] 李发海. 电机学. 2 版. 北京：科学出版社，1991.

[4] 任礼维，张杰官. 电机与拖动实验. 杭州：浙江大学出版社，1997.

[5] 杜士俊，唐海源. 电机与拖动基础实验. 北京：机械工业出版社，2006.